U0627326

Spiritual Culture
青心文化

在阅读中疗愈 · 在疗愈中成长

READING & HEALING & GROWING

印度瑜伽大师萨古鲁震撼人心之作

扫码关注，回复书名，聆听专业音频讲解，获取处于健康、宁静、爱的恒久状态中的秘诀！

Master Series
Sadhguru

幸福的三个真相

全新修订本

〔印〕 萨古鲁 著

THREE TRUTHS of
WELL BEING
Empower Your Body, Mind and
Energy for Joyful Living

中国青年出版社

吴佳 郭冰虹 译

图书在版编目（CIP）数据

　　幸福的三个真相 /（印）萨古鲁著 . 吴佳，郭冰虹译 .-- 北京：中国青年出版社，2020.3（2023.3 重印）
　　书名原文：Three truths of well being: Empower your body, mind and energy for joyful living
　　ISBN 978-7-5153-5957-1

　　I.①幸… Ⅱ .①萨… ②吴… ③郭 Ⅲ .①幸福—通俗读物 Ⅳ .① B82-49

　　中国版本图书馆 CIP 数据核字 (2020) 第 034711 号

著作权合同登记号：01-2015-3616
Three truths of well being: Empower your body, mind and energy for joyful living

All Rights Reserved

幸福的三个真相

作　　者：[印]萨古鲁
译　　者：吴佳　郭冰虹
责任编辑：吕娜
书籍设计：贺伟恒
出版发行：中国青年出版社
社　　址：北京市东城区东四十二条 21 号
网　　址：www.cyp.com.cn
经　　销：新华书店
印　　刷：三河市万龙印装有限公司
规　　格：787×1092mm　1/32
印　　张：8.5
字　　数：130 千字
版　　次：2020 年 5 月北京第 1 版
印　　次：2023 年 3 月河北第 5 次印刷
定　　价：69.00 元
如有印装质量问题，请凭购书发票与质检部联系调换
联系电话：010-65050585

目 录

身

体

Part One

头

脑

Part Two

能

量   *Part Three*

身体可以成为你灵性成长的工具，也可以成为巨大的障碍。

推荐序

终于有一个活的印度上师出现了——萨古鲁。我虽然没有亲眼见到他，但是读了几本他的书，感觉还是非常印心的。这本"幸福的三个真相"，说的是身体、头脑、能量的三个层面（其实说白了就是身／心／灵），只要我们处理好了，就可以获得幸福。

我觉得萨古鲁的书和教导非常贴近我们现代人，作为一位有古代传承的现代大师，他充分了解现代人的痛苦和彷徨，对于一个懂得上网和搜索谷歌的人来说，他自然是和这个时代的脉动是一致的。

他谈到超越物质，超越生存，运用我们的感知力量，让我们身体、头脑和能量能够按照我们想要的方式运作。他提出的方法非常简单，仅仅需要每天 15 ~ 20 分钟的时间，就可以在自己的内在去体验到超越局限的感受。他在书中，针对幸福的三个真相，分享了非常有用处的建议，可以立刻上手实践的，我们可以好好去体会研究一下。

萨古鲁的教导不仅务实又简单，他还非常的平易近人，幽默风趣。书中时不时穿插一个故事，一则笑话，让人读来轻松有趣。而我个人最喜欢的则是他对 " 欲望 " 的独到见解："与欲望斗争是无用的。去渴望生命中最高的可能性。将你所有的激情，引向你能够想到的生命中的最高可能性。训练你的欲望，使之流向正确的方向；仅此而已。欲望是一个通往你无限本质，超越一切有限的工具。这个无限无法分阶段实现。如果你欲望的无限本质分阶段体现，只会事与愿违——将会永无止境，因为无穷永远无法被计算。释放你的欲望；不要将她局限于有限之中。在无限中的欲望就是你的终极本质。"

在书中，这样的智慧佳句比比皆是。请大家好好享受，慢慢阅读。最后想提醒大家的就是：上师，只不过是指向月亮的手指。如果执着于他这个人，甚至执着于他的教导，那都是一种本末倒置的做法。也许,在我们追求另外一位上师之前,好好的问自己:你到底想要什么?萨古鲁也说:"享受生活或在生活中受苦的根本在于:如果你心甘情愿地投入任何事情中,那就是你的天堂;如果你心不甘情不愿的做任何事,那就是你的地狱。"如果你真心要真相,就别执着于任何人,任何教导。如果你就是想要找个上师依靠,也没什么不可以,觉知到就好。毕竟,想要真相的人还是非常少的。

畅销书作家 张德芬

自序

　　在大多数人的生活中，快乐都是一位稀客。本书旨在让快乐常伴你左右。

　　快乐本身不是一个目标，而是一个大背景，你生命的其他方面需要在这个背景下精彩地发生。无论你是吃饭、跳舞、唱歌，还是爱、生或死，如果没有快乐做背景，你就得拽着自己艰难地走完生命旅程。而一旦你有快乐常伴，生命就如清风般轻松自如。

　　　　　　　　　　　　　　　　　　　萨古鲁

序

萨古鲁和一本自助书？

这似乎是一个古怪，甚至让人吃惊的提议。熟悉萨古鲁风格的人知道他引出问题的时候多，给出答案的时候少。他曾将自己描述为一个"狂放不羁的"古鲁。人们能明白他为何这样说。萨古鲁不会说心灵鸡汤，他直言不讳、活力充沛、不感情用事，远非慈祥。他常常说："如果你口渴，向我要水喝，我会放盐到你嘴巴里；如果你渴到一定程度，就能找到水源。"

那这本书是如何产生的呢？

令人惊讶的是，当第一次提出这个想法进行讨论的时候，萨古鲁同意了。"我不喜欢说不"，他这样回答，他只规定了一个前提条件，"别简化内容"。

对于 Isha①瑜伽中心致力于这本书的工作人员（由 Maa Idaa 担纲，Bhairagini Maa Martha、Tina 和 Nathalie 协助，以及我的参与）而言，这本书带来的挑战是相当大的。一方面，萨古鲁的日程被安排得非常满，没有写作的时间，这就意味着本书主要得依赖于他演讲的文字记录，并穿插一些与他对话的内容。将口语转化成书面文字可不是件容易的事情。我们要尽可能地保留口语的原汁原味。这可能会造成某些语句句法不当或不连贯。不过我们的想法是让读者透过这些文字感受到他独特的气息，流畅的谈话风格似乎比呆板的正确无误更好。

另一个挑战是如何简化而不琐碎化；如何让内容不干瘪而又易于理解；如何同时适合新读者以及那些已经了解萨古鲁是灵性大师和圣人的人。

萨古鲁的智慧同时涵盖物质方面和神秘层面，此书中相关内容各占多少比例是另一个问题。将萨古鲁展现为新时代的生活教练或传教士都是不准确的，他两者都不是。他是瑜伽士，这意味着他的话既可能听起来符合逻辑，也可能听起来非理性，既超酷符合当下潮流也会充满古老气息，他可能会比顽固的无神论者更不恭敬，也会比灵媒更玄奥难懂。

但是对内容进行肢解以符合读者的舒适区不是我们要做的。Isha出版团队始终以自助风格的需求为基础，对内容进行了适当编辑和删减，但是希望能保留与一位神秘学家对话中的所有迂回和清新，于是一本既实用精巧又接地气的书出现了。健康幸福是本书的目标，但是由于这是萨古鲁的书，书中还包含一些古老的瑜伽智慧，鞭策读者重新考量生而为人和活着的根本意义，因此，书中有一些对玄奥内容的大段叙述，尤其是在最后的章节。

可能炼金师是对萨古鲁最好的描述，这也是阅读此书的关键所在，但不要被它的简单所蒙蔽。另一方面，如果书中有些建议很难实施，也别气馁。在阅读的过程中，你所获得的可能不只是一堆概念、建议、奇闻和笑话，你会感受到一位大师的气息，他不单单能够教诲，也能转化人。多年前正是那种气息将我吸引到他的身边，那是一种关于真相的气息。

是的，这是一本自助手册，很实用。书的最后附Isha克里亚冥想视频的下载二维码及中文网站,这是本书所提供的自我赋能最重要的工具,你可以尽可能多地去练习。它的创始人说你可以创造自己的健康幸福,这不是空口许诺。练习 Isha 克里亚②冥想确实可以带来清晰、活力和快乐。

这本书是一位灵性大师的书,也是一本带有恩典的书,请允许这本书和这个冥想工具在你身上发生作用。当自助很难进行,书中的指导似乎是纸上的长篇叙述时,让点金术接管吧,会起作用的。

亚伦德哈提·苏布拉玛尼安姆

注释

① Isha:梵文词,发音接近汉语拼音的"Yi Sha",意为"无形无相的、造物的最初源头"。

② Isha Kriya 植根于古老永恒的瑜伽科学,是一项简单而又强大的冥想练习,旨在帮助人们与创造的源头连接,使他们得以根据自己的愿景创造人生。

前　言

　　如何才能生活得幸福，处于健康、宁静、爱的恒久状态中？

　　萨古鲁，生活在我们这个时代的深邃的神秘学家，在这本自助书中，以他富有特色的实用智慧，讲述了如何在生命中有所实现和获得快乐。他说，别想着在天堂获得快乐，此时此地，就与快乐连接。

　　从身体、头脑、能量——这三个自我的基本层面入手，本书介绍了一些简单的方法来重新校准和转化这些层面，让生命闪耀活力。从对待食物、睡眠的理想做法，到人类脊椎的深刻奥秘；从性和欲望的角色，到道德和爱的最深层意义；从体式和心理态度的重要性，到真正的灵性启迪概念等，这本书在以上诸多方面都给我们提供了指导。

书中穿插着一些个人轶事，洋溢着萨古鲁独树一帜的智慧，同时也包含了许多实用方法以及可以自己着手进行的练习。随书附 Isha 克里亚冥想视频的下载二维码及中文网站（见后记 241 页），致力于实现圆满的人必备。

四个"傻瓜"：瑜伽之路

　　"瑜伽"这个词指：在你的体验中，万物合一。

瑜伽意为合一。

　　曾经，有四个人在森林里走着，第一位是智慧瑜伽行者（Gnana yogi），第二位是奉爱瑜伽行者（Bhakti yogi），第三位是业力瑜伽行者（Karma yogi），第四位是克里亚瑜伽行者（Kriya yogi）。

　　通常这四个人不会在一起。智慧瑜伽行者完全藐视其他任何一种瑜伽，他的瑜伽可是智慧的瑜伽，正常来说，智力高的人会完全蔑视其他所有人，尤其是那些练习奉爱瑜伽的人，那些人总是仰着头唱诵神的名字。在他看来，他们就像一群傻瓜。

　　但奉爱瑜伽行者认为所有这些智慧瑜伽、业力瑜伽和克里亚瑜伽都是浪费时间。他同情其他人，认为他们不明白：当神在这里，你要做的就是握着他的手向前走。所有这些复杂难懂的哲学，这些弯曲骨头的瑜伽，都不需要；神在这儿，因为神无处不在。

　　还有业力瑜伽行者，他是一个行动派。他认为，所有其他类型的瑜伽行者满脑子奇特的哲学，他们说到底就是懒惰。

　　但是，克里亚瑜伽行者是最蔑视所有人的，他嘲笑每一个人。难道他们不知道所有的存在就是能量吗？如果你不转化能量，不管你是渴求神还是别的什么，什么也不会发生，不会有转化。

　　这四个人通常不会和睦相处，但是，今天他们碰巧都走在森林里。这时突然下起了暴雨，雨点很密，越下越大，于是他们跑了起来，寻找避雨的地方。

　　那个奉献的奉爱瑜伽行者说，"朝这个方向走，前面有一座古庙，我们去那儿吧。"（他是个奉爱者，非常了解庙宇的位置所在！）

　　他们四个都朝那个方向跑，来到一座古庙前，寺庙的墙壁在很久以前就全部倒塌了，只剩下屋顶和四根柱子。他们冲进了庙宇，不是出于对于神的热爱，只是为了避雨。

有一座神像在庙中央，他们朝神像跑去。雨从各个方向猛砸下来，没别的地方可去，所以他们越靠越近。最后，他们没有别的办法，只能抱着那个神像坐下来。

这四个人抱住神像的那一刻，一个巨大的第五个存在出现了，神突然现身了。

他们四个人的脑子里出现了同一个问题：为什么是现在？他们奇怪，我们阐释了那么多哲学，做了那么多礼拜，服务了那么多人，做了那么多要折断身体的灵性练习，你都不来。现在，我们只是在躲雨，你却现身了。为什么啊？

神说："你们四个傻瓜终于在一起了！"

△

如果这三个层面——身体、头脑（包括你的思想和情感）和能量不走到一起，人类将陷入巨大的混乱。而现在对于大多数人来说，这三个层面都朝向不同的方向。你的思维和感觉是一种方式，你的身体是另一种方式，你的能量又是另外一种方式。

瑜伽就是校准这三个方面，使其协调一致的科学。

当我们说瑜伽，对于你们许多人来说，它可能是指一些很难做到的体式，我们这里说的不是那个。那是"哥伦布瑜伽"——从西方流传回来的瑜伽。瑜伽就是指处于完美的一致中。当你在瑜伽中，你的身体、头脑、能量以及存在都处于绝对的和谐中。

当你的身体和头脑放松，处于某种程度的极乐中，许多让人不安宁的疾病就无法影响你。比如，你去办公室，坐在那儿，感到一阵阵头痛。头痛不是什么大病，但是，那个突突跳动的痛可能会带走你对工作的热忱，也可能带走你那天的某些能力。但是，如果练习瑜伽，你的身体和头脑就能够最大可能地保持在巅峰上。

瑜伽就是一门根据你的意愿创建内在环境的技术。当你将自己调整到内在的一切都出色运作时，你最佳的能力就会自然地发挥出来。当你高兴时，你的能量总是运作得更好。你注意过吗，当你快乐时，你有无穷的能量？即使不吃、不睡，你也能继续、再继续。一点点的高兴就能把你从正常的能量和能力的局限中解放出来。相反，当你激活了能量，你就能以完全不同的方式运作。

瑜伽就是激活内在能量，让身体和头脑发挥最大潜力的科学。关于你自己、关于你是谁，你可能有很多信念，但是追根究底，你就是一定量的生命能量。现代科学说，整个存在就是能量以不同方式的显化。如果是这样，那么，你就是以特定方式运作的能量。科学告诉你，你称之为"我自己"的能量，可以作为岩石呆在这里，作为泥巴躺在这里，作为树矗立在这里，作为狗吠叫，或者作为你，坐在这里。

宇宙是一个巨大的有机体，你的生命不能独立于宇宙。你无法脱离周围的世界而活着，因为，每一刻都有交换在发生，两者之间有很深的关系。你呼出的，你周围的树吸入；它们呼出的，你吸入。问题只不过是我们将自己的智力只局限于自身这个个体。这种有机存在的缺失，正是人类在他们的生命中体验着如此多的冲突、痛苦和疾病的原因。

尽管宇宙中的一切都是同一种能量，但它们在不同的能力水平上，以不同的形式运作着。同样，虽然所有人类都由同样的能量构成，我们却不是在相同水平的能力上运作。能力，或者说创造力——你在世界上做事和体验生命的能力——只是你的能量发挥作用的某种方式。这个能量运作在这株植物上，创造出玫瑰花；在另一种植物上，创造出茉莉花。如果你对自己的能量能有一定程度的掌控，你就会看到，你能简单而自然地去做你之前认为毫无可能的事情。

我们今天建造高楼大厦的材料，最初被人们用来建造了小棚。我们之前以为我们只能挖土做罐或砖，现在我们挖土用来造计算机、汽车甚至宇宙飞船。同样的材料，我们只是将它用于越来越高的可能性。我们的内在能量也是同样的，有一整套技术关于如何使用我们所具备的能量去实现更高的可能性。每个人都要探索并了解这一点。否则，我们的生命就会变得很局限、很偶然。

一旦你开始激活你的内在能量，你的能力就会在完全不同的领域显现出来。瑜伽是找到这种生命终极表达的工具。

所以，瑜伽不是指扭曲你的身体，把你的四肢打成结，或者屏住呼吸，或者做其他的杂技动作。"瑜伽"这个词指：在你的体验中，万物合一。瑜伽意为合一。

这个合一是什么？什么能跟什么合一？

此刻，你将一个东西称为"我"，将另一个东西称为"别人"。这个我与别人之分可以扩大到一群人、一个集体和一个国家的层面。但是，在根本上，"我"和"别人"之分是宇宙中冲突的基础。

什么是"我"，什么不是"我"？在你的体验中，此刻，你称为"我自己"的是什么？

你称为"我自己"的，是你的身体、头脑（包括你的想法、情感）和能量。你的能量你可能体验不到自己的能量，但是，你可以很容易推断出来，如果你的身体和头脑这样发挥作用，一定是有某种能量在驱动它们。这是你能够下功夫的三个实相：身体、头脑和能量。

瑜伽或灵性修行的全部意义在于把你带到一种体验中：那就是你坐在这里，没有"你"和"我"，一切都是我——或者全都是你。任何通向这种合一的路径，不管你走的是哪条路，都称之为瑜伽。

有多少条路通向这终极的合一？你只能在你所拥有的东西上下功夫。如果你谈论你不知晓的事物，你有一个选择：要么相信它，要么不相信它。假设我开始谈论某个神，你要么相信我说的神，要么不信。不管是哪个，都只会把你带入奇异的想象中，而非成长。在存在的层面了解自己当下在哪儿，然后迈出下一步，这是成长。瑜伽的全部就是把你从你已知的这一步带到未知的下一步。

如果你运用自己的身体，试图去了悟自己的终极本质，我们把这称之为业力瑜伽，行动的瑜伽。如果你运用自己的智力，试图去了悟自己的终极本质，我们称之为智慧瑜伽，智力的瑜伽。如果你运用自己的情感，试图了悟自己的终极本质，我们称之为奉爱瑜伽，奉献或情感的瑜伽。如果你转化自己的能量，试图去达到你的终极本质，我们称之为克里亚瑜伽，转化能量的瑜伽。

所有这些方面必须一起发挥作用，只有这样你才能有所实现。它们在每个人身上以不同的方式汇集在一起，每个人在这些方面都是独一无二的组合，所以，要想获得健康幸福，你需要对自己的身体、头脑和能量这些层面有所掌控。一个人能否在世界上获得成功，就取决于你根据所处的情况、想做的事情，以适当的方式驾驭这三个维度的能力。

　　问题在于，全世界的宗教狂们已经把人类一切美好的东西出口到了另外一个世界。如果你谈论爱，他们讲神圣的爱；如果你谈论极乐，他们讲神圣的极乐；如果你说宁静，他们说神圣的宁静。我们忘记了这些都是人的品质。人完全能够做到愉悦、爱和宁静，为什么你想要把这些出口到天堂呢？

　　人类之所以对上帝和天堂谈论太多，主要是因为人们还未意识到作为人的宽广无限。在你生命的每一刻保持内心愉悦、宁静，超越物质局限来感知生命——这些不是超人的品质，这些是作为人的可能性。

　　瑜伽不是让你成为超人，瑜伽是让你意识到作为人是超级棒的。

一旦你有快乐常伴，生命就如清风般轻松自如。

萨古鲁

第一部分

———————

身体

唯一的礼物

人类天生的构造决定了只要与内在的创造之源
连接上，就能够以不可思议的方式生活。

对于一个人而言，物质创造中最亲密的部分就是自己的身体，这是人们意识到的第一份礼物。

不过，身体不仅是第一份礼物，也是唯一的礼物。在瑜伽科学中，没有所谓的头脑或灵魂。无论粗糙的还是精微的，一切都不过是身体在不同维度的显化。身体有五个不同的层面或维度（Sheaths），相关内容我们将会在后面的章节谈及。

现在，让我们来看一看这具肉身。身体的设计和构造让它自动运作着，无须你太多的参与。你不必让心脏跳动，不必让肝脏进行复杂的化学过程或让自己呼吸，你的物质存在所需要的一切都在自行运作。

这具肉身是一个完备具足的设备。如果你着迷于设备，那么没有什么设备比这个更精妙。你所了解的身体中发生的每一件小事都是如此不可思议，不是吗？身体是这个星球上最复杂的机器，具备你所能想象到的最高级的构造、电性连接以及计算能力。

比如，下午你吃了一根香蕉，到了晚上，香蕉就成了你的一部分。查尔斯·达尔文说，从猴子进化到人类要几百万年，但在几小时内，你就能够将一根香蕉变成一个人！这不是一般的本事，这意味着创造的本源正在你的体内运作着。

你的内在存在着一定水平的智慧和能力，它们超越思维逻辑，能将香蕉转化为构造精湛的物体。这就是瑜伽所要做的——与那个能在几小时之内把香蕉变成人的维度、智能和能力连接上。

如果你能够有意识而非无意识地实现这个转变，哪怕你能将一丁点这种智能带入你的日常生活，你将会神奇地生活，而不是痛苦地活着。

永恒的问题

　　灵性修行的根本就是去探索身体的可能性，并
超越身体的局限。

　　人需要有一定的智力和意识，才能看到身体这个精妙器件
的局限性。这个器件很好，但它仍然无法带你到任何地方。它
不过是来自大地，最后归于大地。

　　这难道还不能充分形容它吗？

　　如果你从身体的角度来看待，这已经足够。但是一个超越
身体的维度在某种程度上被限制在身体里。没有这个维度，就
没有生命。这个维度以某种方式融入这个物质形式里。

　　生命是一回事，生命的源头是另一回事。在每一个生物、每一棵植物、每一粒种子中，生命的源头都在运作着，但人类的生命之源则更为突出。正是由于它如此突出，对许多人而言，身体提供的那些简单的甚至是美妙的东西，超过某个临界点就似乎不再重要了。

　　由于这个原因，人类似乎一直挣扎于身体层面和超越身体的层面。虽然你有着身体层面的本能驱动，但你也意识到自己不仅仅是个物质存在。你的内在有两股根本的力量，大多数人将它们视为相互冲突的。一股力量是自我保护的本能，它迫使你在自己周围建立围墙来保护自己，另一股力量则是渴望不断扩张，努力要变得无边无际。

　　你今天建立的自我保护之墙，明天将会成为自我囚禁之墙。你在生命中建立起的很多局限，今天你用它来保护自己，明天它就会让你感觉束缚，然后你就想打破它们，建造更大的牢笼。但是过了明天，你又感觉这个更大的牢笼是个束缚，于是你又想要打破它们进入下一个阶段。

　　这两种渴望——保护和扩张——并非两股对立的力量。它们关系到你的本质的两个不同层面。一个属于物质层面；另一个属于超越物质的层面。一股力量让你很好地根植在地球上；另一股力量则带你超越。自我保护只需要局限于身体层面的保护。如果一个人拥有必要的觉知来区分这两股力量，就不会存在冲突。但是，如果你将自己限制在物质层面，那么这两股根本的力量就会成为冲突之源，而非带来相互合作。"我该追求灵性还是物质？"所有这样的人性挣扎都是源于这种无知。

当你说"灵性"，你在谈论一个超越物质的维度。灵性上的根本渴求就是超越物质的局限。但是你自我保护的本能不断告诉你，"没有一堵墙，你就是不安全的。"于是你无意识地不断建造围墙。你之所以挣扎，并不是因为造物主不愿为你打开一个不同层面的可能性，而是由于你在自己周围建立起的坚固围墙。

这就是瑜伽系统不谈论神的原因。瑜伽不谈论终极的存在，不谈论造物主。如果我们谈论终极，你就会陷入幻想。现在，我们只谈论什么在阻碍着你，这才是需要关注的地方。束缚100%是你创造出来的。捆绑你的绳索或者阻碍你的围墙——这些都是你需要关注的地方。对于存在，你做不了什么，你只能着手于你创造出来的存在。

举个例子，我们可以把重力（Gravity）和恩典（Grace）当作两个对立的力量。重力，在某种程度上，与人类自我保护的本能相关联。因为重力，让我们此刻能够扎根于地球，也是因为重力，让我们拥有了身体。所以，重力在努力向下稳住你；而恩典则在努力将你向上提起。如果你从存在的物质力量中解脱，恩典就会在你的生命中发生。

生命中，重力始终存在，恩典也是如此。你只是需要让自己能够触碰到它。对于重力，你没有选择，无论如何，你都触碰着它。但对于恩典，你必须让自己变得更具接受性。无论你进行哪种灵性练习，最终目的都是让自己碰触到恩典。如果你强烈地认同于物质世界，重力就是你唯一知道的一切。

由于连接上超越物质的层面也就是连接上恩典，所以，如果你的生命体验超越了物质的束缚，你就能碰触恩典。突然间，你会发现，生命似乎神奇地运作着。就好比，如果你是唯一一个骑自行车的人，你看起来也许会很神奇。人们可能会觉得你很神奇，但你知道，你只是开始变得对一个生命的不同维度具有接受能力，而这种可能性对每一个人都敞开着。

生命为你开放一切，存在没有为任何人设置任何障碍。如果你愿意，你就能连接整个宇宙。有人说："敲门，门就会开。"你甚至不需要敲门，因为没有门，一切是敞开的。你只需要走过去，就是这样。

小贴士

你可能已经注意到自己这一点：当你感到愉悦时，就想要蔓延扩张；当你感到恐惧时，就想要收缩。试试这样做：坐在一株植物或者一棵树面前，提醒自己所吸入的空气就是树所呼出的，自己所呼出的空气正是树所吸入的。即使你还体验不到这点，也可以与树建立一种心理的连接。一天重复做五次。几天过后，你将会与周围的一切有不一样的连接，你与周围的连接也不会只局限于一棵树。（通过这个简单的过程，Isha 在泰米尔纳德邦发起了环境保护运动，自 2004 年以来已植树 1800 万棵。我们花了几年的时间努力在人们的头脑中植树，这是最困难的领域！现在，将这些树移植到大地上，就容易多了。）

物质和超越物质

"无论你多么具有灵性，你仍需要带着身体。"

经常有人问我，为什么灵性修行看起来像超脱尘世并否定生活。人们问，为什么我们必须在灵性或物质这两者之间做一个选择呢？为什么不能两者都享有呢？

实际上，并不存在这两种分类。你的身体、头脑和能量是一体的，不是吗？只有当你被枪击中了，这些才可能被分开！或者如果你的意识提升了，这些也可能是分开的，那是不同的情况。

但是，有人是100%的物质主义者吗？又有人是100%灵性的吗？没有这回事。无论你多么具有灵性，你仍需要带着身体，你得给它食物、清洁它、给它穿衣。所以，你是物质的。另一方面，你能放弃你的存在，只跟身体生活在一起吗？不能。所以，你也是灵性的。

当中的区别在于，一些人在生命中乞求一切，而其他人靠自己挣得一切。一些人不得不向别人乞求幸福、爱、平静以及生命中最重要的事情，只有食物是他们挣得的，其余的一切他们都乞求别人给予。另一种人，他们通过自己获得爱、平静和喜悦，他们只乞求食物。如果他们想要自己挣得食物，那也是小事一桩。但是，他们觉得这并没有那么重要，所以他们乞求食物。这就是出家人和世俗中人的唯一区别。

最终，大多数人类做了什么？仅仅是吃、睡、繁衍和死亡。你可能相信自己做了很多事情，但在死亡来临的那一刻，你回顾自己的生命历程，就会发现，你所做的一切，只是将生存过程复杂化。仅仅是这个简单的过程——世间所有蠕虫、昆虫、狗、猫和鸟都能够应对的生命过程——人类却无法做好。在生命的终结之时，他们因周围的一切而如此受伤。不幸的是，随着年龄增长，大多数人不是变得更具智慧，而是变得更加受伤。

我并不是说，你不应该享受物质生活。身体的性没问题，口袋中的钱也没问题，唯有当它们进入你的头脑时才是问题。

超越生存

任何超越五种感官的体验都与物质现实无关，这属于另一个不同的维度。这个维度，如果你想称之为上帝，它就是上帝。如果你想称之为力量，它就是力量。或者你只是想称它为"我自己"，它就是"我自己"。

现在，任何你所知道的，无论是关于这个世界还是关于你自己，都仅仅是通过你的五种感官——视觉、听觉、嗅觉、味觉和触觉感知了解到的。如果这五种感官沉睡了，那你就既不了解世界，也不了解自己。

感官是有局限的。这五种感官被创造的方式，使得它们只能够感知物质世界。如果你的认知局限在这五种感官中，你的活动和生活范围自然而然就会局限在物质层面。这五种感觉仅仅通过比较来认知一切。如果我摸一个铁棒，觉得这是冷的，只是因为我的体温处在某一状态。如果我让体温下降，再摸这个铁棒，现在我就会觉得它是暖的。

感官的认知会给你带来对于实相的扭曲印象，因为感官只是通过比较来感知一切。借由五种感官感知到的一切，仅仅对于生存是足够的，如果你寻求的是生存之外的，那么这五种感官的感知是不足够的。

所有的瑜伽练习，根本上旨在让你有超越五种感官的体验。任何超越五种感官的体验都与物质现实无关，这属于另一个不同的维度。如果你想称这个维度为上帝，它就是上帝。如果你想称之为力量，它就是力量。或者你只是想称它为"我自己"，它就是"我自己"。

如果你真正对探索生命的更深层面感兴趣，那么你需要明白如何增强自己的感知力。这一刻，如果你睡着了，突然之间周围的人消失了，世界消失了，甚至你也消失了。你依然活着，周围的人依然活着并存在着，但是在你的体验里一切都蒸发了，因为这五种感觉器官关闭了。

你所体验到的任何事情都只是发生于你的内在。但人们的困境在于，体验发生在内在，感知却是向外的。你能看到外面是什么，但你无法看到里面是什么。身体里发生着如此多的活动，你都无法听到。大量血液在你的体内流动，你也无法感觉到。但是，如果一只蚂蚁在你手上爬，你就能够感觉到。所有的感觉器官都是向外的，但是所有的体验都发生在内在。这就是为什么每个人都体会着如此鲜明的分离感。

你一出生，感官就被打开了，因为它们对于你的生存是必需的。但如果你想要转向内在，就需要付出一些努力，因为你还没有具备向内的感知能力。无论你是想了悟创造的过程或者只想平静地生活——你需要做的就是将感知能力提升到一定程度，从而使的身体、头脑和能量能够按照你所想要的方式运作。

无论你的职业是医生、警察、工程师或者其他，本质上，正是你当前的感知能力，决定了你在这些领域的工作效率以及生产力。通过调节特定的内在机制，人们的感知能力就能够被提升到不同的高度。

　　我们从平凡生活说起：如果你的感知能力得到拓展，超越了原有的局限，那么，当食物被放在你面前时，你就会知道这种食物将如何在你的系统中运作。但是，大多数人还没有连接上这份内在的能力。所以，无论是关于像饮食这般简单的事，还是关于终极的可能性，内在的感知能力都将会给生命带来一个全新的维度。

　　常见的问题是：想要超越感官是不是很困难？我需要隐居到喜马拉雅山的洞穴里去吗？

　　答案是一点也不难。任何人，只要愿意每天花几分钟，就能够开始体验到这点，可能性并不在高山某处，它就在你的内在。你之所以无法碰触你的内在，仅仅是因为你太忙碌或是太专注于外在发生的一切，发生在你头脑中的一切也是外在的反映。换句话说，你从来没有注意过你的内在。所以，人们仅仅是因为缺乏向内的注意力，才无法碰触这种可能性。

　　如果人们养成习惯，向内稍微投放一些注意力，这毫无疑问会在很多方面改变你生命的品质。只需每天花 15～20 分钟。超越局限的体验源于你的内在，除非你真正愿意，超越才有可能发生，否则地球上没有什么力量能够撼动你。

小贴士

开始关注每一件你认为是你自己的事物：你的衣服、打扮、头发、皮肤、思想、情绪。你知道这些都不是你自己。继续数出那些不是你的一切。不需要对真相下结论，真相不是一个结论。如果你放下错误的结论，真相就会自动浮现。这就好比你对黑夜的体验，太阳并没有消失，仅仅是地球转动到了另一个方向。你思考、阅读、谈论自己，仅仅是你太过忙于从另一个方向去看待。你并没有投入足够的注意力去了解真正的"我"。你需要的不是结论，而是转一个方向。

聆听生命

运用身体来加速你的进化过程，这样的科学就是哈他瑜伽。

当你在意识中体验到万物合一，你就处于瑜伽状态。要达到内在合一，有很多种途径。从身体着手，再到呼吸、思想，再到内在的本我。类似这样的方法，有很多种步骤被创造了出来，但它们只是瑜伽的不同面向。重要的是，这些面向作为单独部分的同时，也需要被平衡地顾及，它们之间没有分别，瑜伽涉及你本质的所有面向。现在，身体在"你是谁"中占据很大的一部分，运用身体来加速你的进化过程，这样的科学就是哈他瑜伽。

身体有它自己的态度、自我和特质。比如，你决定"从明天开始，早上5点钟起床出去跑步"。你设定了闹钟。闹钟响了，你想起床，但身体说，"关掉闹钟，睡觉"。身体有它自己的想法，不是吗？哈他瑜伽就是一种作用于身体的方法，通过训练、净化身体，让身体做好准备，以获得更高层面的能量和可能性。

哈他瑜伽不是一项锻炼。理解身体的运作机制，营造特定的氛围，并运用体式将能量导向特定的方向，这就是哈他瑜伽或瑜伽体式（Yogasanas）。

"体式（Asana）"的意思是"姿势"。能够让你触碰到更高本质的姿势就是瑜伽体式。这也和其他维度相关。用最简单的方式来说，假如你认识某个人很长时间，仅仅是观察他的坐姿，你几乎就能知道他发生了什么。如果你观察自己，当你生气时，你以一种方式坐着；当你开心时，你以一种方式坐着；当你沮丧时，你以另一种方式坐着。当你的意识、思想或情绪处于不同状态，你的身体会自然地倾向于呈现特定的姿势。反之则是体式的科学。如果你有意识地将身体调整到不同的姿势，你的意识就能够从中得到提升。

身体可以成为你灵性成长的工具，也可以成为巨大的障碍。假设你身体的某个部位——手、脚或背部受伤了。当身体伤得很重，你很难再渴望生命的更高层面，因为此时身体成为头等重要的事。此刻，如果你正经受着背痛，那么对你而言，宇宙中最重要的事就是你的背痛。别人可能无法理解，但对于正在经受身体之苦的人，这的确就是最重要的事。如果上帝出现了，你也会请求上帝让你的背痛消失！你不会请求其他任何东西，因为身体对你的影响超过其他一切。如果身体状况不好，它就会带走你生命中所有其他的渴望。无论你想要的是什么，一旦身体开始疼痛，你所有的渴求都会消失——因为要超越肉体的疼痛，需要巨大的力量，大多数人并不具备这样的力量。

有成千上万人通过做一些简单的体式治好了脊椎问题。之前医生告诉他们，肯定需要手术治疗，但通过体式练习，他们就无需手术了。体式的练习，能够让你的背部恢复到极佳的状态，你根本不需要去看脊椎治疗师。不只是你的脊椎变得灵活了，你也变得灵活了。一旦你变得灵活了，你就会愿意去聆听，不只是聆听某个人说话，你会愿意去聆听生命。学会聆听是一个通晓事理的人的根本特质。

投入一定的时间和努力，使身体不再成为障碍，这点非常重要。疼痛的身体会成为主要的障碍，受本能驱动的身体也是如此。

一些本能驱动的简单行为，无论是身体想要放松的驱使，还是性欲的驱使，都有可能强有力地支配你，让你无法看得更远，此时身体成为主要的存在。但身体只是你的一部分，它不应该成为你的全部。瑜伽体式的练习能够让身体降到它原本的位置。

哈他瑜伽的另一方面在于：当一个人想要进入更深度的冥想时，它能够让接收更高层面的能量成为可能。如果你想要能量向上升，那么身体的管道必须有助于此。如果管道堵塞了，就无法运作，或者某部分就会爆裂。在进入更高强度的冥想之前，让身体做好充分的准备是非常重要的。哈他瑜伽能够确保身体柔和、喜悦地进入这个过程。

对许多人而言，他们的灵性成长进展得很痛苦，原因就在于没有做好必要的准备。大多数人很不幸地陷入了任由外在环境塑造和摆布的处境中。无论是获得世间智慧还是获得灵性上的可能性，他们只会在四面楚歌之时才领悟到这点；即使如此，也只有一些人变得更智慧，而其他人只是在伤痛之中。正是这种可能性——将潜在的伤痛转化成为智慧源泉——将人引向自由的境界。如果一个人进行了必要的准备，这会是美好的成长经历。"成长必定是痛苦的"——这正在成为一个准则。其实成长可以充满喜悦，但由于身体和头脑还没有准备好，所以改变才会是痛苦的。瑜伽体式能为你打造一个坚实的基础，为你的成长和转化做好准备。

如今，人们所学的哈他瑜伽已经不是它的古典样式，失去了瑜伽完整的深度和维度。你今天看到的大部分"瑜伽工作室"，很不幸，大都只涉及身体层面。仅仅传授身体层面的瑜伽，就像一个死胎。这不仅不好，还是一个悲剧。如果你想要一个充满生命力的过程，瑜伽就需要以特定的方式传授。

哈他瑜伽不是指扭曲你的身体、用头倒立或屏住呼吸。曾经有段时间，我亲自教授为期两天的哈他瑜伽课程。在课程中，学员只是简单地做一些体式，就极度喜悦，流下狂喜的眼泪，瑜伽应该是这样做的。不幸的是，如今世界上的哈他瑜伽，为一些人带来了平静，为另一些人带来了健康，而对很多人而言则是痛苦的马戏动作。

大多数的瑜伽士只是运用一些简单的体式就超越了他们的局限。这就是我在 11 岁时学到的一切——只是一些简单的体式。正是练习的方式带来结果的不同。

小贴士

在家里、办公室，或在朋友当中，你观察到每个人处于不同的觉知水平了吗？请仔细地观察这一点。如果你发现一些人似乎比其他人具有更清晰的觉知力，就去观察他们如何使用自己的身体。你就会明白我所说的"你存在的几何学"。仅仅是你使用身体的方式，就几乎决定了关于你的一切。

聆听生命的方法之一就是将注意力放在生命的体验上，而不是去留意思想或情感。选择任何一件关于你自己的事：你的呼吸、心跳、脉搏或小拇指，每次和它们相处 11 分钟，尽可能经常这样做。你会发现你对生命的体验将发生极大的变化。

从有为到无为

"当你达到有为的巅峰，你就成了无为。"

从逻辑上说，一个人在任何事情上不做任何努力，他就是无为的大师——但事实并非如此。如果你想要了悟无为，你必须知道什么是有为。当你达到有为的巅峰，你就成了无为。只有一直工作的人，才知道什么是休息。一个总是休息的人无法知道什么是休息，他只会陷入懒惰和消沉。这就是生命运作的方式。

对于俄罗斯芭蕾舞蹈家尼金斯基而言，他的整个人生就是舞蹈。在他舞蹈的某些瞬间，他能够跳到任何科学理论都认为是不可能的高度。即使一个人的肌肉运作达到了巅峰，能跳多高仍然是有上限的。但在某些瞬间，他会超越那个上限。

人们问："你是怎么做到的？"

他答道："我自己没办法做到。只有当尼金斯基不存在时，那才会发生。"

当一个人持续100%地付出自己，那个超越局限进入全然无为的时刻才会到来。只是纯粹地坐着，无为是不会发生的。如今有一些人，他们说要修禅，因为禅意味着什么都不做。实际上，禅涉及惊人的活动，只有极少的人能够做到。通过这些活动，你达到一种无为的状态，你不再是那个做事的人了。在这种状态中，人们了解超越，或者品尝到临界点之外的滋味。如果一个人通过高强度的活动达到了这样的状态，正如舞蹈家尼金斯基和其他人所达到的，这些时刻将被永远珍视为生命中神奇的时刻。但是，如果一个人通过高强度的"不活动"（Inactivity）而达到同样的状态，那就是瑜伽体式所带来的持久超越状态。

禅定或冥想的本质，就是将自己推至最大可能的强度。在这样的强度下，过一段时间，就不需要努力了，你只是纯粹地存在着。在完全不受本能驱动的头脑与存在的状态下，必要的氛围被营造了出来，人类内在的天赋得以绽放。随着时间推移，如果社会和个人不去营造有助于绽放的氛围，人类多样化的可能性就会被白白浪费。这个世界之所以有如此多关于天堂和天堂里各种乐事的幼稚言论，仅仅是因为人类的无限可能尚未被探索。如果你充满人性，神性会到来，为你服务，他别无选择。

下载宇宙

身体就像天线——如果你将它放在正确的位置，它就能接收存在的一切。

整个存在就是某种几何学，你的身体也是如此，这让身体成为一个巨大的可能性。

或许如今，这已不再是个问题，而就在一些年前，每次暴风雨过后，人们就不得不爬上屋顶去调整电视机天线。只有天线处于某个特定的角度，电视才能接收到信号。不然，当你正在看肥皂剧或板球比赛时，突然间就会有雪花出现在电视屏幕上，你不得不调节天线。

身体也是如此：如果你将它保持在正确的位置上，它就能接收整个宇宙的信息；如果保持在其他位置，你就无法了解任何超越这五种感官的一切。

身体就像晴雨表，如果你知道如何观察它，它就能告诉你关于你以及周围的一切。身体从不对你撒谎，所以，在瑜伽中，我们学会信任身体。我们转化这个肉身，将其从一系列受本能驱动的无意识行为转化为有意识，使其转化为一个感知和了悟的强有力的工具。

有一整套的科学和技术，关于如何让身体不只是一堆食物的累积，不只是我们从地球中获取的一切的累积，也不再只是体内的化学反应以及血肉的本能驱动。如果你知道如何读懂身体，它将会告诉你所有的潜能和局限——你的过去、现在和未来，这就是为什么瑜伽的根本从身体开始。

这就好比，你越了解你的手机或其他设备，就越能更好地使用它。几年前，印度的手机公司做了一项调查发现，97% 的人只使用了手机 7% 的功能。（我不是说那种智能手机，而只是那种普通手机！）

即使是这种小小的设备，你也只使用了其中 7% 的功能。

现在，你的身体就是一个设备，这个星球上的所有设备都是来源于身体这个设备，你认为你使用了这个设备的百分之几？

远低于 1%。在物质世界生活，你的生存甚至不需要使用这个身体 1% 的功能。我们用这个身体做着各种琐碎的事，是因为我们对生命的感知还局限在物质层面，但是，你的身体具备能力去感知整个宇宙。如果你适当地做好准备，它就能接收存在的一切，因为，发生于存在的一切都在某种程度上也发生在这个身体中。

小贴士

正常人的呼吸频率是每分钟 12～15 次。如果你的呼吸减少到每分钟 11 次，你将会知道地球最外部或大气层的运作方式（即，你会对气象敏感）。如果减少到 9 次，你会懂得这个星球上其他生物的语言。如果减少到 7 次，你会知道地球的语言。如果减少到 5 次，你会了解创造之源的语言。这并不是关于提高你的有氧能力，也不是强制性地不让自己多呼吸。哈他瑜伽和克里亚的结合，能够逐渐地增强你的肺活量。但最重要的是，它们将帮助你实现校准，让你获得一定的自在，从而让你的系统进化到一种稳定的运行状态，没有摩擦，也没有噪音，只是纯粹地感知一切。

身体星球

发生在这个星球上的一切，也会发生在你身
上，因为在你的身体中，你就是这个星球。

你的身体不过是你吃进食物的累积；食物的本质就是土。
你只不过是地球袒露出来活蹦乱跳的那一小部分。发生在这个
星球上的一切，也会以一种非常微妙的方式发生在你身上。

这个星球是我们称之为太阳系这个更大身体的一部分。无
论太阳系发生什么，也会发生在这个星球上。太阳系也是另一
个更大身体的一部分，这个身体被称之为宇宙。或许，现在这
一切超越你的头脑感知，但是发生在这个宇宙的一切，某种程

度上，也发生在地球上。发生在地球上的一切，也会发生在你身上，因为在你的身体中，你就是这个星球。

如果你的身体处于特定的状态，你就能够意识到地球上发生的每一个细微变化。从更遥远来看，你也能够意识到宇宙发生了什么。一旦你对此变得敏感，你的整个身体将能够感知到周围发生的一切。如果你花更多时间，关注地球以及地球的运行方式，这种敏感度将会得到显著提升。

我曾在农场生活过几年，当地村子里有个听力受损的男人。因为他几乎听不见，不能应答别人，所以村民把他当作傻子，排斥他、取笑他。我雇佣他到我的农场工作。他是一个很好的伙伴，因为我不喜欢说话，而他没办法听也没办法说，所以，相处完全没有问题！

那时还没用拖拉机耕作，都是用公牛犁地。一天，凌晨4点钟，我突然看到他在准备犁具。

我问他："怎么了？"

"我在准备犁地。"

"你要犁什么？又没有下雨。"

"今天会下雨。"

我抬头看了看天，天空是晴朗的。我说："胡说八道！哪来的雨？"

他示意："不，先生，今天会下雨。"

那天果然下雨了。

之后，我苦思冥想了几天几夜，苦思冥想着，为什么我感知不到这个人所感知的？我坐着，用不同姿势摆放着手，试图去感知湿度和温度，试图去解读天空。我读了各类气象学书籍，但是我感觉自己陷入了绝境。不过，在这之后，通过对自己身体以及周围一切进行细微地观察，我发现了大多数人所犯的最根本性的错误：我们只是将组成身体的元素，如土、水、空气、食物和燃料，视为物品，而不是视为生命的基本组成部分。

大约经过了 18 个月的辛苦努力，我终于弄明白了。现在，如果我说要下雨，十有八九会下雨。这不是魔法，这是从完全不同的层面，对自己的系统、地球、呼吸的空气以及周围的一切进行的细微观察。如果今天要下雨，你的身体将会发生某些变化。大多数的城里人感觉不到，但是很多农村人不知不觉就能感觉到。大多数的昆虫、鸟类和动物也能够感觉到。

　　过去的人注意到了行星系统的细微变化，并试图将其用于自己的灵性成长。你知道地磁赤道经过印度吗？几千年前，我们的祖先发现了这个确切的位置。他们沿着地磁赤道建了一连串的寺庙，其中最著名的寺庙之一是千丹巴让庙（Chidambaram Temple），在过去的几个世纪里，每当地球处于某个特定位置，许多灵性追求者就会聚集到那里。这座寺庙的一个神龛被圣化为"空"或"零"，意味着零度磁倾角正作用于地球，并影响周围的一切生命。这不仅是一种象征，更是将一个人真正从这个尘世中解脱出来的强有力的工具。

　　这是一种修行方式，另一种修行方式是冥想，完全忽视创造中发生的细微变化，而是专注于将自我融入创造之源。这是两种根本的方式——你可以慢慢一步一步地走，或者你也可以忽视所有的步骤，直接跳跃。前者你必须参与到其中，后者是退出你当下所在的情境。哪一种适合你，就选哪一种。鉴于我们所处的这个时代，最好是在这二者之间取得平衡。

小贴士

当身体碰触到土，身体就会意识到它是地球的一部分。

这就是为什么印度的灵性修行者赤脚走路，并总是以一种与地面接触面积最大的姿势坐在地上。这样，身体就能在体验中得到提醒：它仅仅是大地的一部分。身体永远不能忘记这一点，不然，它就会开始提出一些奇怪的要求。如果你时常提醒它，身体就会清楚自己的位置。

如果你很容易生病，那就让自己睡在地上（或者尽可能靠近地面），这会产生很大的不同。还有，让自己坐得离地面更近一些。每天花半个小时在花园里，安静地坐在地上，你的健康状况将会得到很大的改善。

与太阳同步

如果你在很大程度上受着无意识的本能驱动，你将会看到，你的处境、体验、思想和情感都在周期循环中。

苏利耶拜日式（Surya Namaskar）的意思是早上向太阳鞠躬。为什么这一系列传统的动作顺序会运用在瑜伽练习中呢？

太阳是这个星球的生命之源。人们吃的、喝的、呼吸的一切，都含有太阳的元素。你只有学会如何更好地吸收和内化太阳的元素，使它成为你系统的一部分，你才能真正从这个过程中受益。

人们普遍将苏利耶拜日式理解为一种锻炼，它强健你的背部、你的肌肉等。是的，它确实有这些以及其他更多的功效，但这些都不是目的。本质上，苏利耶拜日式是在你的内在建立一个维度，使你的身体循环能够与太阳 $12\frac{1}{4}$ 年的周期协调同步。苏利耶拜日式由 12 个动作组成，这些动作不是偶然组合在一起，而是有意设计的。如果你的系统处于一定水平的活力和准备就绪的状态，并且处于良好的接收状态，那么自然而然，你的周期就会与太阳的周期协调同步。

年轻女性有一个优势——虽然她们中很多人将这个优势变成了劣势——那就是她们也和月亮周期同步。这是一个优势，但大多数人将之视为诅咒——经前综合征。你的身体与太阳和月亮周期都有关联，这是一个非常美妙的可能性。大自然将这个优势赋予了女性，因为她们有着生育人类的责任，于是被赋予了一些额外的特权。过去，一些与月亮周期同步的女人有着高度敏锐的直觉；她们毫不费力就掌握了别人可望不可即的感知能力。不幸的是，当今人们不知道如何处理经期产生的额外能量，因此视它为一个诅咒，甚至将其看作是一种疯狂，由英文单词"月亮"（Lunar）发展为"疯子"（Loony）就是一个证明。

与太阳周期同步，是平衡和接收能力中的一个重要部分，是让身体成为一种优势的方法，让身体不再是一个障碍，而是通往更高可能性的美妙的垫脚石，但对大多数人而言，身体更像是路上的障碍。身体的本能驱动将无法让他们前进。

在生理期（这是最短的周期，28天为一个周期）以及太阳超过12年的周期之间，还有许多其他类型的周期。"周期"意味着重复，重复意味着在许多方面是无意识的本能驱动，而本能驱动意味着将无助于意识的提升。灵性练习在于打破循环，筑下提升意识的根基，不再有本能驱动的行为。按照这种方法，生命就会自然地通往解脱而不是束缚自我的过程。

周期循环或系统的重复本质，传统上被称之为轮回（Samsara），它为生命的构成提供了必要的稳定性。如果一切都是随机的，就不可能有一个稳定的生命机器。对于太阳系统和个人而言，这种深深根植于其中的循环本质，会给生命带来一定的坚实和稳定性。但是一旦人类达到了人类所能达到的进化水平，很自然，就不只是渴望稳定，也渴望超越。现在，每个人都可以选择是继续处于循环中（这是物质存在保持稳定的根本），还是运用这些循环以获得健康幸福，驾驭并超越这些循环。

如果你很大程度上受着无意识的本能驱动，你将会看到，你的处境、体验、思想和情感都处在周期循环中。这些周期循环每 6 个月或 18 个月、3 年或 6 年就重复 1 次。如果你回顾自己的生命，你就会注意到这点。如果每 12 年左右重复 1 次，那意味着你的系统处于良好的接收和平衡状态。苏利耶拜日式是让系统处于良好的接收和平衡状态的重要方法。

所以，这些按顺序进行的体式是为身体系统提供的完整而全面的练习，无须借助任何器械。最重要的是，这是赋予个人力量去打破无意识驱动的循环和生活模式的重要工具。如果一个人通过练习实现了一定程度的稳定性以及对系统的掌控力，他就可以进入下一个更强大并意义非凡的灵性修行——苏利耶克里亚（Surya Kriya）。

小贴士

如果你拥有一个缜密而专注的头脑、敏捷而平衡的身体，在一位专业老师的带领下，需要花4~9个月的时间将你的苏利耶克里亚练习的几何校准好。一旦校准好，它带来的好处将是非常巨大的。其中一个非常重要的方面就是为你带来全面的健康以及巨大的活力。

因错误的原因而走上正确的道路

"斯瓦米①过去每天做 1008 遍苏利耶拜日式。在他 90 岁之后，他将数量减到了 108 遍。"

玛拉迪哈利是卡纳塔克邦北部的一个村庄。拉哈文达·拉奥（Raghavendra Rao）是我的上师，他来自那个村庄，因此人们通常称他为玛拉迪哈利斯瓦米，他的一生是个传奇。我第一次见到他时，他大约 79 岁，那时候我才十一二岁。

我祖父那个村子里的后院有一口井，井口直径只有六七米，深一百二三十米，井里的水位通常低于六七十米。我最喜欢的活动之一，就是跳进一口井，然后再爬出来。因为井里没有台阶、梯子或可以踩的洞，能够从底下爬上来真不是一般的功夫。我对此非常擅长。但如果爬的过程不小心，你就有可能撞伤头。

一天，当我们正在玩这项活动时，旁边有一位七十多岁的男人看着我们。他二话不说就往井里跳。我想这下他完蛋了，但出乎我意料的是，他爬出来的速度竟比我还快！这我可不太喜欢。

我将自尊心放在一边，问他："你是怎么做到的？"

"过来，跟我练习瑜伽。"他说。

于是，我开始像小狗一样跟随着他。我就是这样开始瑜伽的。我现在说这些是想让你知道：只要你做正确的事情，即使是出于错误的原因，也仍然起作用！

玛拉迪哈利斯瓦米每天做1008遍苏利耶拜日式。在他90岁之后，他将数量减到了108遍（并不是因为他做不到了，而是因为没有时间）。那就是他的灵性修行。他超人般做着生命中几乎每一件事。

他也是一位非常棒的阿育吠陀医生。他是少有的几位经脉医生（Nadi vaidyas）之一——通过把脉，他就能够诊断出你的疾病。他不仅告诉你今天你得了什么病，他也能够预测你在未来10~15年可能得什么病，然后告诉你治疗的方法。一个星期中只有周一，他会在他的道场作为阿育吠陀医生，给病人看病。无论他在哪里，他都能够在周日晚上回到道场，周一早上一定会出现那里。如果他早上

4点开始坐在那里行医，他会坐在那里直到晚上七八点。志愿者轮换着协助他，但他一整天都没有停歇。他会给每一位前来看病的人讲笑话。人们会忘了是来看病的。这不像是医生和病人之间的交流，这看起来更像是一个节日。

在他大约83岁时，发生了一件事。一个周日的深夜，他和两个同伴一起，在一个距离道场约70公里远的火车站，发现铁路罢工了。这意味着当晚没有火车和其他交通工具。但他对工作的承诺是如此坚定，以至于他在站台上离开了两个同伴，连夜沿着轨道跑了70公里回到道场！

凌晨4点，他已经在道场，准备接待病人。道场的人甚至丝毫没发觉他是跑回来的。直到其他两位同伴到了后，他们告诉其他人斯瓦米做了什么，人们才知道。他活得就是那样不可思议。

注释

① 斯瓦米：Swami，一个了悟的人或者能驾驭自我的人。一个对印度僧人的尊称，通常是一位完全奉献给灵性生活的人。

元素的游戏

五大元素的游戏是如此复杂，但与此同时，你
是关键。

生命是一个仅由五种成分组成的五边游戏。无论是人类的
身体还是更大的宇宙身体，本质上，都是由五大元素——土、
水、火、空气、空间组成。

即使你想要制作南印酸豆汤，也需要 17 种成分，但这里
就 5 种成分，多么不可思议的创造！如果一件东西看起来很复
杂，当你深入其中，发现不过是 5 个成分在变戏法，这就成了
一个笑话。所以，那些证悟的人将其称之为宇宙的笑话。

一次，我在午夜开车，接近一座山的时候，本该往山上行驶，突然，我看见半座山几乎都在着火！我不是见了危险就躲避的人，所以我注意着四周的一切，继续小心地开着车，当时车里满是易燃燃料！天气有雾，无论我开了多远，火似乎都还在稍远一点的地方。于是我意识到，虽然从山下看这座山仿佛着火了，但当我朝它开去，根本什么也没有。

我到达了火源所在的位置，看到一辆出了故障的卡车停在那里。因为天气冷，司机和他的两位同伴生了一小堆火。当时的雾气接近露点，空气中有成百万颗小水滴，每个水滴就像一个三棱镜，创造了这样一个非凡的幻境，让一小堆火看起来像一场大火。从山下看，似乎整座山都烧了起来！这个现象让我震惊。

创造也是这样被极度地放大了。如果你看看生命的这一小部分——你自己——你就会了解这个情况。那些密切关注内在的人了悟到没有必要再看那个放大的版本。整个宇宙只不过是你内在的被放大的投影——五大元素的游戏。

如果你想要实现人类机制的全部潜能，或者你想要超越这些而融入更大的宇宙——无论你的欲求是关于个人还是宇宙——你都需要对五大元素有一定程度的掌控。没有这种掌控，你既无法了解个体的喜悦，也无法了解宇宙存在的极乐。如果你知道如何在自己的内在恰当地组织这五大元素，那么生命中便没有其他的了，健康、幸福、觉知、开悟等，一切都会稳妥的实现。

瑜伽中最根本的练习被称为五大元素净化。如果你学会净化系统中的五大元素，那么生命中的一切就都包括在内了。现在你追求这种状态，让自己拥有掌控这些元素的能力，如果你能够掌控这五大元素，你就不单单能够掌控身体和头脑，你也能够掌控所有创造。

你所做的每一个灵性练习，都与组织五大元素相关，让自己从存在和宇宙的本质中得到最大的收获。在掌控这些元素方面，你的身体是垫脚石还是障碍，本质上取决于你如何掌控这五大元素。现在的你只不过是一些土、水、空气、温度和空间的组合，这些成分聚合在一起，就成了一个活蹦乱跳的人。

你的身体就是五大元素的游戏。如果它们不合作，你再努力也不会有什么有意义的事发生在你身上。只有当它们互相合作，你的生命——从基础层面到最高层面——才会存在可能性。

身体就像一扇门。门有两个面：如果你面对的是关闭的门，那么对你而言，门意味着阻止；如果门可以打开，那么，门就意味着进入的可能性。同一扇门，你在哪一面决定了你生命的一切。

有人说，1分钟有多长，取决于你在厕所门的哪一面！厕所里面的人说，"1分钟就出来了。"在那1分钟里，对于在外面等待的人而言就是永恒！在你的体验里，生命是极大的可能性还是巨大的障碍，仅仅取决于这五大元素在多大程度上与你合作。

有一次，一位主教访问纽约，他要在中央公园举行一场聚会，所有天主教徒都要出席。当天，到了约定的时间，他们发现这个城市只有很少的天主教徒，他们都到了，主教向他们讲了关于坚定信念、播撒福音、增加教众等内容。当中一个新皈依的信徒问主教："亲爱的教父，为什么耶稣不诞生在纽约，再次坚定信念呢？"

主教思考了片刻，说道："我的孩子，如果耶稣要诞生在纽约，需要满足一定的条件。其中一个条件就是需要三个有智慧的男人，这在纽约是不可能的。还有，在纽约，上哪儿找得到处女[①]？"

如果任何事要发生，就需要必要的因素和氛围和合在一起。五大元素净化就是净化系统中的元素，使元素能够相互合作的一种方法。

所有生命的可能性和束缚都由五大元素决定。自由和束缚是同一把刀的两面。如果你以某种方式挥舞它，它是自由；如果以另一种方式挥舞它，它就是束缚。

整个生命过程正是如此。爱与恨彼此包含，生与死也是如此。如果它们是分开的，你就能够很容易地应对它们，但是它们总是彼此包含。如果你试图避免死亡，你就会逃避生命。在你的内在，如果你仅仅有"我不想死"这个想法，那么发生的事情将会是是你一直待在床上。你唯一能够避免的是生命，而不是死亡。生命就是这样，一切都是彼此包含的。在他处的一切也在这里，在这里的一切也无所不在。总之，如果你去观察，一切都在你的内在。这一切似乎是那么复杂，同时又极其简单。

古印度的高级妓女精通诱惑的艺术。她们佩戴精巧的珠宝，全身上下满是装饰品，没法将这些一一饰品取下来。如果非要一件一件将它们取下，将会花很长时间。欲火焚身的男人想要脱下这个女人的衣服，但是他没法做到。这个女人不断地鼓励他，让他喝一点酒——再喝一点，再喝一点，再喝一点。随着他的视线变得越来越模糊，他的任务也越来越艰难。很快，他就倒下呼呼大睡了。但其实关键就只是一个别针；所有这一切，只要拉开一个别针，一切就落下了。这一点只有她知道。

生命也是如此。它是一张复杂的网，但只有一个别针。如果你把它拉开，一切都会落下。那个别针就是你。如果你知道如何将自己拉开，瞬间，一切都解决了，一切都清晰了。五大元素的把戏非常复杂，但与此同时，关键就是你。如果你把自己完全抽离，一切就会瓦解，你就自由了。

小贴士

为了改善身体的健康状态和基本结构，你所能做得最简单的事情，就是带着虔诚和尊敬的心对待五大元素。尝试一下：每次你有意识地触碰任何一种元素，把它们视为你生命中最崇高的，可以是湿婆、罗摩、克里须那、耶稣。现在你是一个思想上的存在，你的头脑充斥着等级。这个方法会使你放下等级观念。一段时间过后，这个观念会消失。但随着生命中真正有觉知的时刻越来越多，你就会立刻看到变化的发生。

注释

① 处女：双关语，Virgin，也指圣经里耶稣的母亲，即受圣灵感孕生下耶稣的童贞女玛利亚。

五大元素寺庙

"人们建造了这五座寺庙，并让其作为同一个系统运作。"

在南印度，掌控相关技术的人为五大元素建造了五座重要的寺庙。这些寺庙的建造，不是为了做仪式礼拜，而是为了特定的灵性修行。要从水元素中获得自由，你需要到专门的寺庙做特定的灵性修行。要从空气元素中获得自由，你要去另一座寺庙；像这样，有五座很特别的寺庙，专门为五大元素而建造，这些寺庙被注入了相对应的能量，以支持相应的灵性修行。传统上，瑜伽士会从一座寺庙到另一座寺庙，持续进行他们的灵性修行。很长一段时间里，这片土地见证了人们这种专注和认知。

这些寺庙被视为五大元素寺庙（Pancha Bhuta Sthalams）。从地理位置上来看，它们都位于德干高原内。甘吉布勒姆（Kanchipuram）寺庙是为土元素而建造；色鲁万那凯瓦（Thiruvanakaival）寺庙是为水元素而建造；蒂鲁伯纳玛莱（Thiruvannamalai）寺庙是为火元素而建造；斯里伽拉哈斯蒂（Srikalahasti）寺庙是为空气元素而建造。还有千丹巴让（Chidambaram）寺庙是为空间元素而建造。

这五座寺庙的建造，是作为同一个系统而运作。这是一项非凡的技术，让那些知道如何做适合的灵性修行的人前来拜访并加以利用。而那些不懂的人，仅仅是住在这片区域就能够从中受益。如今，这五座寺庙之间的连接已经消失了，相关的灵性修行和掌控元素的技术也很难找到了，但是寺庙仍然存在，其中许多是宏伟的建筑。

身体是个问题?

瑜伽之所以如此关注食物,是因为食物构建着
我们的身体。

有一天,国王阿克巴在宫殿中问众人:"你们认为,生命
中最快乐的事情是什么?"

国王身边围绕着各种谄媚者,其中一个人说到:"噢,我
的国王,能够服侍您,就是我生命中最快乐的事情!"

有人说:"仅仅是望着您的脸庞,就是我最大的快乐!"

如此种种,所有的阿谀奉承滔滔不绝地涌出。比巴尔只是
索然无趣地坐在那里。

"比巴尔，你一句话也没说，什么给你最大的快乐？"阿巴克问。

"拉屎，"比巴尔答道。

刚才阿克巴还在享受着众人的奉承，现在国王恼怒了。他说："在宫殿中竟说出如此粗俗无理的话，你最好证明出来。要是证明不了，你就危险了！"

比巴尔说："给我两个星期。我会向你证明的。"

国王说："好。"

下一个周末，比巴尔为阿克巴组织了一次林中狩猎之游，并让宫中所有的女人都参加这次狩猎。他将阿克巴的帐篷搭建在所有帐篷的中央，周围安置了其他家庭、小孩和妇女的帐篷。

他让厨房制作最美味的食物。国王吃得很享受——他在度假中，你懂的！

第二天早上，当国王起床，从帐篷中出来时，发现外面没搭厕所。于是国王回到帐篷里，踱来踱去，体内压力不断积聚。他试图到森林中解决，但是比巴尔已经在森林中做好安排，四处都是妇女。国王无法在任何地方解决内急。

国王体内的压力每分每秒都在增加。将近中午 12 点时，国王再也忍不住了。在他快要爆发时，比巴尔在旁边看着这一切的发生，咕哝着"厕所的帐篷，搭哪里好呢？搭哪里好呢"？他只是在那里制造着困惑，又将时间拖延了 5～10 分钟。

国王体内满是粪便，就在他快要憋不住的时候，厕所被搭出来了。阿克巴进了厕所，发出了如释重负的呻吟。比巴尔在帐篷外面等着他，问道："现在你同意我的观点了吗？"

阿克巴说："这确确实实是最大的快乐。"

释放你内在无法承受的东西，就是最大的快乐，不是吗？无论那是什么！

所以，身体可以成为一个问题，一个很大的问题。

你的身体只不过是食物的累积。瑜伽之所以如此关注食物，是因为食物构建着我们的身体。你吃进的食物，会直接影响到你会拥有什么样的身体。你想让自己跑得像猎豹一样迅猛？还是想让自己扛得动 100 公斤的东西？或者，是想运用身体去探索更高的可能性？根据你想做什么事情以及你想要从生命中得到什么，来选择合适的食物。

小贴士

很重要的一点是，不要一整天不停地吃。如果你的年龄在 30 岁以下，一日三餐就足够了。如果超过 30 岁，最好减少到一日两餐。只有当我们的胃是空的，身体和头脑才会以最佳的状态运行。所以，有意识地这样进食，于是两个半小时之内吃进去的食物将会全部通过胃部，12~18 个小时之后，食物将会全部通过这个系统。带着这份简单的觉知，你将体验到更多的能量、更大程度的机敏和警觉——这些都是成功人生的必备要素。

作为燃料的食物

不要咨询你的医生、营养专家，不要咨询你的瑜伽老师或其他人。问问自己的身体，吃哪种食物最舒服。

你进食的方式，不仅决定你的身体健康，也决定你的思维、感觉和体验生命的方式。更有智慧地进食，意味着要了解与这个身体相匹配的是哪种燃料，并相应地提供那燃料，让身体系统实现最佳的运行。

假如你买了一辆要加汽油的车，但你给它加的是煤油，四处开着。车子或许仍然能够行驶，但绝不会以最佳的性能运行，车的寿命也会受到严重影响。同样的道理，如果我们不清楚自己的身体需要什么类型的燃料，如果我们把餐盘里的任何食物都往身体里塞，身体自然不会以最佳的状态运行，甚至寿命也可能缩短。如果你追求优越的系统运行水平，那么燃料与机器的匹配是非常重要的。

真正适合人类系统的是什么类型的食物呢？

假如你吃某些食物，身体感到愉悦；吃另一些食物，身体感到迟钝和昏睡，睡眠时间延长。如果你一天睡 8 个小时，你活了 100 年，这意味着你的睡眠时间占到其中的 33 年，也就是说你生命中的 1/3 是在睡眠中度过的！另外的 30%～40% 的时间在吃喝拉撒中流逝。真正留给生命的时间就很少了。

所以，如何让身体得到良好的休息？首先，我们要知道，是什么让身体疲惫？事实上，对大多数人而言，疲惫不是工作造成的。事实上，大多数人越工作越有精神。心态是保持身体运转良好的因素之一，食物也是其中的重要因素，而且是最主要的因素。

你通过进食来获取能量，但是当你饱食一顿之后，你是感觉充满活力还是昏昏欲睡？根据所吃食物的特质，刚开始你会觉得昏昏欲睡，之后慢慢开始变得有活力。

为什么是这样？

一方面，你的系统无法直接消化煮熟的食物，它需要某种特定的酶。消化需要的所有酶并不只存在于身体里；你吃进的食物也带进这些酶。当你烹煮这些食物时，通常有80%～90%的酶都会被破坏。所以，当你吃进这些食物时，身体需要努力重构这些被破坏的酶。在烹煮中被破坏的酶，无法被完全重构。所以，对大多数人而言，他们吃的约50%的食物会被浪费掉。

另一方面是身体系统的压力。要产生一小部分的能量，你就需要吃很多食物。身体需要处理所有你吃进的食物，以便从中获取能量，供给你的日常活动。如果我们吃进带有消化酶的食物，身体系统将会以完全不同的效率运作，食物转化为能量的比率也会大有不同。所以，吃新鲜的未烹煮的食物，它们的细胞还是活着的，这会为你带来大量的能量和健康。

这点很容易就能得到证实。不要咨询你的医生、营养专家，不要咨询你的瑜伽老师或者其他人。谈到食物，就与身体相关。问问自己的身体，进食哪种食物最舒服，而不是问你的舌头。

让身体感到最舒服的食物就是最理想的食物。

如果你想要明白身体最适合什么食物，你必须学会聆听你的身体。一旦你身体的感知力提升了，你甚至不需要将食物放进你的嘴里，你就能够清楚地知道这种食物会给你带来什么影响。人们可以培养出这种敏感度，那就是，只是看着或者碰触食物，就知道它是否适合自己的身体。

小贴士

你可以实验一下：为自己安排最美味的一顿盛宴。然后，想一件生气的事，咒骂世界，之后吃下食物，感受食物如何在你的体内运作。下一餐，你怀着崇敬之心接受并享用这份食物，感受这份食物如何在你的体内运作。（当然，如果你是明智的，你会跳过第一个做法，只做第二个！）

大多数人可以将他们所吃食物的量降到 1/3，在不损失体重的同时让自己变得更有能量。这仅仅取决于你在内在创造了多大的接受度，你的身体就会相应对食物有多大的接受度。如果你能够做同样多的工作，保持同样多的外在活动，同时只吃 30% 的食物，这就意味着你的身体正在以更加高效的方式运转，不是吗？

地狱般的厨房

> 我们所吃的食物，从来没有宗教、哲学、精神
> 或道德上的意义。问题仅仅是这份食物是否与我们
> 的身体兼容。

支持素食和支持非素食的人一直在争论，常有人问我素食和非素食这两者哪个更好。

素食者总是表现出"比你更圣洁"的姿态，而非素食者总是宣称他们更加的强健，更适应这个世界，因为他们视这个星球上所有的物种为他们菜单的一部分。基于对食物的选择，已经发展出庞大的哲学理念。人们要明白，我们所吃的食物，从

没有宗教、哲学、精神或道德的意义，问题仅仅是这份食物是否与我们的身体相兼容。

这种兼容会产生不同的结果。如果块头大是你最渴望的，你就需要吃某些特定的食物。如果你的身体想要获得一定程度的智能，或者想要拥有一定程度的警觉、觉知和敏捷，你就需要吃其他特定的食物。如果你想要身体带有高度的感知力——如果你不是那些只追求身体健康和享乐，而是想要下载宇宙信息的人——你就需要以一种非常不同的方式进食。对于人类拥有的每一种渴望，相对应地，他们需要与之相匹配的食物。如果你的渴望包含了所有这些层面，你就必须找到一种适当的平衡。

无论你的个人目标和渴望是什么，想一想，这个身体需要什么类型的燃料？这是我们首先应该关注的问题。之后才是饮食的调整和适应。如果这只是一个基础的生存问题，那么你想吃什么就吃什么。但是，一旦生存问题解决了，你就会有了选择，你能够有意识地选择食物，这点非常重要——不是简单地基于舌头的冲动，而是基于身体的根本构造。

如果你观察动物世界，你就能将动物大致分为食草动物和食肉动物——那些进食植物类的生物和那些进食肉类或猎食其他动物的生物。这两种生物身体系统的设计和构造有着本质的不同。因为我们关注的是食物，所以我们只探究消化系统。整个身体的消化道路线是从口腔到肛门。如果你顺着这条路线看下去，你会发现食草动物和食肉动物有一些非常基本的区别。我们来看一看几个显著的区别。

如果你观察动物的颌的动作，你会发现食肉动物的颌只有一个咬断的功能，但是食草动物的颌同时具备咬断和咀嚼的功能。很明显，人类的颌也具有咬断和咀嚼的功能。

为什么会有这种构造上的差异？

假设，你取一些没有煮过的米放在嘴巴里一分钟或更长的时间——你会感觉到它变甜了。产生甜味的原因是在你的口腔里，碳水化合物正在由唾液里一种被称之为唾液淀粉酶的物质转化成了糖（这是消化过程的本质部分）。在所有食草动物的唾液里，都含有唾液淀粉酶，食肉动物的唾液里则没有。所以，食肉动物只需要将食物咬碎并吞下。食草动物则需要咀嚼它们的食物。咀嚼需要研磨，彻底地将食物与唾液混合。因此，颌的设计有所不同。

如果进行了适当的咀嚼，接近 50% 的消化过程都会在口腔里完成。换句话说，食物到达胃部时已经有一部分被消化了，从此高效地完成整个消化过程。如今，食物都被过分煮熟了，人们倾向于快速地将食物吞下，而没有进行必要的咀嚼；这些未经消化的食物和部分被破坏的食物，持续加重着胃的负担。如今的厨房，很大程度上已经成为一个高效破坏食物的地方。那些富含营养、充满生命能的食物，在烹煮的过程中，已经被系统地破坏了，营养成分被耗尽，其中大部分的生命能（或者是提供灵性支持的功能）也被去除了。

接下来看消化道的长度，食草动物的消化道通常是它们身长的 12～16 倍。食肉动物的消化道是它们身长的 2～5 倍。简而言之，食肉动物的消化道明显比食草动物的短，这种区别非常清楚地表明了什么样的物种应当进食什么样的食物。

在你现在的身体系统中，如果你吃了生肉，等它要完全通过消化道，需要 70～72 个小时；煮熟的肉需要 50～52 个小时；煮熟的蔬菜需要 24～30 个小时；未煮熟的蔬菜需要 12～15 个小时；水果只需 1.5～3 个小时。

如果将生肉在外面放置 70～72 个小时，你知道会发生的腐烂程度——一小块肉就能将你熏出家门！尤其在夏天，当温度和湿度上升时，腐化发生得更快。你的胃总是一个温度较高的地方。如果肉在胃里放置 72 个小时，肉的腐化程度会非常高。本质上这意味着体内有过度的细菌活动。若要让这些细菌滋生的程度不超过从健康转为疾病的临界点，就需要消耗大量的能量。

如果你去探望一位生病住院的朋友，你想必不会带去咖喱羊肉饭或牛排，你知道要带去水果。如果你偶然置身野外，你会最先吃什么？当然最开始是吃水果，然后你会去找植物根部，然后会去屠宰动物、煮东西吃，种植庄稼。水果是最容易消化的食物。

大多数肉食动物并不是每天都吃饭——绝对不是一日三餐！它们知道，它们所吃的食物在消化道中的移动非常缓慢。据说老虎 6~8 天才吃一顿。当它饥饿时，它会敏捷地到处猎食，一顿吃进 25 公斤重的食物，之后就是睡觉或慵懒地漫步。你在野外看到的警觉、活力充沛的动物总是食草动物，它们整天不停地吃。一条眼镜蛇一餐吃的食物就占自己体重的 60%，而且 12~15 天吃一顿。中非地区的侏儒族过去常常猎杀大象，生吃大象的器官和肉，喝大象的鲜血。据说他们可以在一次进食之后，连续睡上 40 多个小时。但是你担不起这样的生活方式。你需要每天进食，在特定时间休息，因为你的消化道和食草动物相似。

关于蛋白质的争论

现在的人们太过注重蛋白质的摄入。我们需要知道，身体只有 3% 由蛋白质组成，过多的蛋白质会导致癌症。肉类富含蛋白质，但是在一个人吃进的肉类食物中，非常小的比例就足以满足身体对蛋白质的需求。然而，肉在消化道内的移动十分缓慢，这会导致过度的细菌滋长、睡眠时间增长、身体整体惰性水平增加、细胞再生能力降低等各种问题。反过来，所有这一切也显示了一个人觉知敏感度的下降。因此，肉类食物并不会为人类的灵性修行提供支持——因为本质上，灵性修行是为了提升一个人的感知力，超越物质的局限。

消化的戏剧

你的问题不是注意力不够，而是信息过多。

关于食物，我们需要记住的另一个重要方面是，为了消化某种食物，体内的消化系统会产生碱性物质，为了消化另一种食物，体内会产生酸性物质。如果你吃了一堆食物，胃可能就会感到混乱，同时制造碱性和酸性消化液，而这两种物质又会彼此中和，于是这些消化液失去了作用。因此，这些食物就会在胃里存留更长的时间，削弱细胞的修复再生能力。这也会造成能量系统的惰性，过一段时间，你的内在品质就会受到改变和损害。

传统上，在南印度，人们会注意不将某些食物混在一起。但是，如今的饮食不再是关于人们的身体健康，而成了一项社交活动。当人们吃自助餐时，食物的花样种类，被认为比滋养身体更重要。

问题不在于不吃什么，而在于吃什么、吃多少。这不是一个道德问题；这是一个生命感知的问题。如果你在城市中打拼，你需要敏捷的头脑以及身体和思想的平衡。有一些人还有灵性上的渴求（即使这种渴求只是很久才出现一次！）。所以，每个人需要达到饮食平衡，不是通过喊口号，而是通过自我观察和觉知来实现。很重要的是，不要变成一个食物怪人。食物永远也不应该成为耗费全部心思的事。这个星球的每一个生物都知道吃什么、不吃什么。那么，你的问题是什么呢？你的问题不是注意力不够，而是信息过多。

小贴士

每日餐前几分钟，摄入一汤匙的酥油（提纯的黄油）将有利于消化系统。如果你在酥油中加了糖，酥油就会转化成脂肪。但是，没有放糖的酥油能够净化、修复和润滑消化道。大肠净化之后的效果，会立即在你的皮肤中显现出来，让你的皮肤焕发某种光泽与活力。

吃鱼的智慧

"在这个星球上的所有动物中，鱼是最早的生命形式之一。鱼拥有最简单的软件编码，使人体系统能够将它们破解并整合内化。"

如果你必须吃非素食的食物，鱼类就是最佳选择。首先，鱼容易被消化，并且营养丰富。其次，它在你体内会留下最少的印记。

这要如何理解？

我们所吃的一切、身体携带着的一切、排出的以及最终火化的一切，仅仅是土、土、土。身体系统内的软件决定了你吃一根香蕉，它会转化成人的血肉和身体——而非猴子或老鼠。身体内有效运行的系统，删除了将土转化为香蕉的软件，并且生成一个新软件让香蕉转化为人体一部分。对于进化程度更高的生物，尤其是哺乳动物，它们的软件系统则更加清晰和个体化。这将会让你破解编码的系统很难去删除所食动物的软件并重写一个新的软件的原因。所以，慢慢地，你就会开始获得你所进食的那种生物的特质。

在所有动物当中，鱼是这个星球最早的生命形式之一，它拥有最简单的软件编码，使人体系统能够将它们破解并融合内化。那些高智能的动物，尤其是那些具备各种情感的动物（比如牛或狗）会在体内保留它们的记忆系统。换句话说，我们的身体系统无法完全融合一个进化程度高、具备高智能和丰富情感的生物。

有意识地进食

身体很容易成为酷刑室，断食不是折磨你自己，而是将你自己从中解放出来。

如果你观察身体的自然周期，你会发现一个叫作曼陀罗（Mandala）的循环周期。曼陀罗是身体系统为期 40～48 天的循环。在每个周期中，有三天的时间，身体不需要食物。如果你意识到身体是如何运行的，你就会留意到，在某个特定的日子，身体不需要食物。在那几天你可以轻而易举地断食。甚至狗和猫也有这样的意识；在那几天，它们不会进食。

身体系统"断食"的这天，是一个清理的日子。但大部分人并没有意识到哪天身体应该断食，所以爱卡达西断食日（Ekadashi）就被定了出来。断食日是满月、新月后的第11天，每14天一次。如果一些人由于诸多的外部活动，并且没有足够的灵性练习支持他们的系统，没办法做到断食，那么他们可以选择在断食日进食水果。

如果你没有做好身体和思想的充分准备，就强迫自己断食，只会对身体造成损害。但是如果你的身体适当地准备好了，你的思想处于某种特定的状态，那么断食就是大有裨益的。

那些经常喝咖啡和茶的人，会发现断食对他们来说很难进行。所以，在断食之前，需要吃适当的食物让身体做好准备。断食并非对每个人都是件好事。但是如果人们带着正确的认知进行断食，它就会带来很多益处。

我的母亲过去常常这样做：每天在吃早餐之前，她会取一把食物，给地上的蚂蚁吃，然后她再吃早餐。这已经成为很多家庭妇女的传统做法。蚂蚁是你在周围能看到的最小的生物，是人们印象里最微不足道的生物。所以，你先给蚂蚁喂食——不是先给大象或神灵。你喂养最微小的生物。蚂蚁和你有着同等的吃的权利；这个星球有多少是属于你的，也就有多少是属于它的。你明白地球上每个生物都和你拥有平等生活的权利。这样的意识将会在你的头脑和身体里，营造出有利于意识提升的氛围。

只是如此简单的行为，就能够让你和你的身体之间产生松动。它带进这样一份意识：你不是身体。当你越来越来越少地认同于这个身体，你就会越来越意识到你本质的其他维度。当你感到非常饥饿，非常想吃东西的时候，你先让自己等待两分钟，你会发现这其中会产生很大的不同。当你非常饥饿时，你就是这个身体。给它一点距离，突然，你不仅仅是这个身体。

佛陀甚至这样说："当你非常需要食物时，如果这时你将食物给予别人，你将会变得更加强大。"我并没有要求那么多，我只是说，等几分钟！这一定会让你更加强大。如果你对食物的欲望很强烈，那么有意识地断食一餐是好事。试着这样对自己说："今天我非常饿，这里有着我喜欢吃的所有食物。但是，今天我决定不吃这一顿。"这不是折磨自己，而是将自己从身体很容易成为的酷刑室中解放出来。

吃什么、吃多少、怎么吃，将其从一个本能驱动的模式转变成一个有意识的过程，就是断食的本质。

小贴士

做个实验：从今天开始，将你的饮食搭配调整为 25% 天然的、未烹煮或生鲜的食物——水果和蔬菜——慢慢的，4~5 天之后增加到 100%。保持 1~2天，然后再每天减少 10%，5 天之内，你的饮食搭配会是 50% 天然的食物和 50% 烹煮的食物。对于想要每天保持 16~18 个小时活动时间的大多数人来说，这是理想的饮食搭配。

记住，如果吃煮熟的食物，你可能会花 15 分钟。如果你吃天然的或未煮过的食物，同等的量，你会花更多的时间，因为你需要更多的咀嚼。但是身体的特点是，15 分钟后，它就会告诉你，用餐结束。所以，人们往往会吃得更少、体重减轻，于是认为生食对他们不好。事实上，人们只需要对吃多少东西有更多一点的意识。

从压力到放松

身体需要的不是睡眠，而是放松。

晚上的睡眠休息使得你在早上和晚上有一些区别。假如今晚你没有休息好，第二天早上你的状态就会很糟。你的放松程度会带来不同的结果。如果你一整天都处于放松状态，到了晚上，你的状态也会和白天一样。

如果你早上状态很好，这是个好的开始。但在一天当中，你渐渐开始感到紧张和压力，难以放松和平静。压力的产生并不是因为工作——这点你必须明白。每个人都认为压力源于工作。其实工作没有压力，产生压力的原因是你的能力不足以掌控自己的系统。某种程度上，你不知道如何掌控你的身体和头脑，这才是问题所在。

如何让身体系统没有压力，让自己在早上和晚上都拥有同等活力、放松和愉快的状态呢？

你不能通过停止来减缓系统的运行。当系统处于自行放松的状态，外在活动就不会对系统产生负面影响。或许你的身体会感到疲劳，但这不必使你感到有压力。如果你能够充满活力又保持放松，这就足够好了。在瑜伽科学中，有一整套的技术能够达到这一状态。你会看到：如果你开始做特定的简单的瑜伽练习，3~4个月后，你每分钟的脉搏将会至少降低8~20次。这意味着身体在一个放松的状态中运转得更高效。

身体需要的不是睡眠，而是放松。如果你的身体一整天都非常放松，你的睡眠量自然会下降。如果工作对于你是一种形式的放松，散步或运动也是一种放松，你会发现你的睡眠时间将会减少得更多。

如今，人们辛苦地做每件事情。在公园里，我看到人们以紧绷的状态走路。无论散步还是慢跑，为什么不能轻松愉快地做呢？这样的运动可能会造成更多的伤害而不是健康快乐，因为你做每件事都像在打仗。

不要和生命打仗，你不是要对抗生命，你就是生命本身。只是和生命同步，你就会发现你能够轻松地过好它。保持健康愉悦并不是一场战争。做一些让你享受的事：玩游戏、游泳、散步等。如果你除了吃薯片之外不喜欢做任何其他的事，那才是问题！否则，以轻松的状态做事，这不是个问题。

你的身体需要多少时间的睡眠？这取决于你做的是什么水平的身体活动。吃饭或睡眠的量无须固定化。"我必须吃这么多卡路里的食物，我必须睡这么多个小时"——那是对待生活的一种傻方法。让身体决定今天该吃多少，而不是你来决定。今天，如果你的活动量较小，你就吃少些。明天你的活动量大，你就吃多些。睡眠也是一样，当你觉得放松够了，你就起床。一旦身体充分休息之后，会醒过来——可能是在3点、4点或者8点，这都没关系。你的身体不需要闹钟来叫。

如果你的身体保持在一定水平的警觉和意识状态，你会发现一旦身体休息好了，就会自然醒来，也就是身体渴望醒来。如果身体在某种程度上试图将床当作坟墓，那是个问题。让你的身体保持在这样的状态：不是想逃避生活，而是渴望醒来。

小贴士

一个人在空腹状态下，脉搏的平均跳动速度是每分钟 70~80 次。对于一个平时会做特定的灵性练习的人而言，当他处于冥想状态，脉搏跳动速度大约会在 30~40 次之间，甚至在一顿饱餐之后，脉搏也能维持在 50 次左右。这是一个显示身体放松程度的参数，放松的程度本质上体现了身体修复和自我更新的能力。压力来自于你缺乏管理能力。你可以在餐前和餐后分别检查你的脉搏，了解自己当前的状态。

从肉身到宇宙

你不必将生物特性神圣化，或者肮脏化，它不过是作为生命的工具存在在那里。

存在是一场显化与未显化之间的舞蹈。在显化的那一刻，就产生了二元性。在未显化状态中就是一。虽然一是创造的根本所在，但二元性带来了质感、设计和色彩。你看作是生命的显化的各种各样的事物，根本上都根植于二元性。因为二元，生出许多，有了许多的显化：光明和黑暗、男性和女性、生和死。如果只有一，就只有存在。一旦有了二元，生命的游戏就开始了。

　　一旦二元性开始，性就产生了。我们所说的性，只不过是二元对立的两个部分力求合二为一。在这个二元性会合的过程中，也有大自然想要实现的特定功能，比如物种的繁衍和生存。

　　这种想要合一的渴望体现在很多方面。当你年轻时，你的智能被荷尔蒙劫持，性就成为途径。中年时，你的头脑受到情感的劫持，爱就成为途径。当你超越所有这些，如果你想以一种更高层次的意识状态寻求合一，那么瑜伽就是途径。

　　如果你想用身体寻求合一，你需要清楚的是，无论你做什么，肉体总是保持着二元性。在某些片刻，会有合一的感觉，之后又会分开。即使不分开，死亡也会让分离发生。这是一定的。

　　我们称之为性的整个过程，仅仅是两个相反面努力想合而为一。你的个体性不仅指的是你以好恶、爱恨等形式在思维模式建立的错误界限，它也意味着你被束缚在自己的身体界限内。你可能没有意识到这点，但是你内在的生命渴望打破并超越这些界限。当你想要打破思维的界限，你可能会渴望一次认真的谈话或阅读一本书、喝酒、吸毒或做一些古怪的事。当你想要打破身体的界限，你可能会想去刺青、染发或那个老套的方法：做爱。

性的意图是好的，但用这种方法是行不通的。因为它带来快乐，所以将人们吸引到一起，但是合一从未真正到来。所以人们试图在情感或智力方面，试图找到一些共同点——我们喜欢相同的东西，我们喜欢同一种冰淇淋，我们都是金发碧眼，我们都玩任天堂游戏，我们都是哈利·波特迷……人们总是试图找到一些共同的地方。但是，除非你们明白你们不会真正成为一，否则你们就不会懂得去享受相反的那一面。

我们称之为"男人"和"女人"的这两股能量，总是试图走到一起。同时，除了互相吸引之外，他们也是相反的两面。他们既是爱人，也是敌人。如果他们在彼此之间寻找共同点，似乎只能找到很少的一部分，但是这种异性相吸一直存在着。

对于基本的身体行为，许多人不能以它本来的面貌去面对它，所以发明了各种各样的装饰物去美化它。人们总是给行为加上一些情感，因为没有情感，人们就会感觉它是丑陋的。某种程度上，人们试图用这些装饰物来遮蔽自己对真实情况的认识。

性是自然的，它存在于身体里。性意识是你创造出来的，它是心理层面的。如果性在身体里，那没有问题，是美好的。一旦它进入到你的头脑，就成为一种堕落——性和头脑没有任何关系。性只是你的一小方面，但今天它成了主要的方面。对于许多人而言，性已成为生命本身。

如果看一下当今社会，我会说，人类可能有 90% 的能量都消耗在追逐性或逃避性上面。我们在试图把这个行为变成很多它本不是的东西。性仅仅是大自然中繁衍的伎俩。如果这种异性相吸不存在，物种就会灭绝。但现在人们对男人和女人的区分，好像他们是两个不同的物种。在性方面，这个星球上没有哪种生物像人类这样存有这样的问题。对于动物，它们的身体也只有在一定的时间里才有性的渴望，其余时间它们不受影响。只有人类，性总是在他们头脑中。

这种情况发生的一个原因在于：过去，许多宗教否定这个简单的身体过程，丑化性这件事。我们不是去超越这个生物特性的局限，而是试图去否定这个特性。

宗教意味着解脱，是吗？当你甚至无法接受自己的生物特性，怎么可能解脱？如果我们接受自己的生物特性，每个人都有其自身的价值，是男人还是女人，这有什么问题？当你无法接受男女之间的生理差异，这就是对女性剥削的开始。

你不必使生物特性神圣化，或者使它肮脏化，它仅仅是生命的工具，因为它你得以存在。如果你知道如何与之相处，既不美化也不丑化它，那么它自有它的美丽。

小贴士

生命更高的可能性就在人体的内在。肉身是从粗糙到神圣的所有可能性的平台。对于吃、睡和性这些简单的行为，你可以将其当作粗糙的行为来进行；也可以将某种神圣带入这些方面。最简单来说，当进行这些行为时，你可以通过更细微的念头、情感和意图来连接这份神圣。总之，某件事情是粗糙还是神圣，很大程度上取决于你是不情愿、无觉知的，还是情愿、有觉知的。你的每一次呼吸、每迈出的一步、每一个简单的行为、念头或情绪都可以带上神圣的印记，如果你能在这过程中觉察到涉及的对象的神圣性，无论它是一个人、或是食物或是一件你正在使用的物品。将这份觉知融入生活每一个简单的行为中。

被荷尔蒙劫持

　　你的荷尔蒙没有错。它们仅仅是引起了身体的
本能驱动。本能驱动意味着你无法决定自己想要成
为什么样的人。

　　经常有人问我，为什么人们对性的着迷程度超过对其他物
质的欲望。我回答：这只是因为你的头脑被荷尔蒙劫持了。

　　这并不是你，这只是身体的本能驱动。当你还是个孩子时，
你的生殖器官什么样并不重要。但是当荷尔蒙开始在你体内运
作，它就是你的世界。过了一定年龄，当荷尔蒙的作用消退了，
你会发现，它再一次不重要了。回首昨日，你不相信自己曾经

总是想着那些事。身体没有错，它只是有局限而已。如果你遵循身体的方式，那不是罪恶；你可能会得到一些快感，但在很大程度上，这是一个未得到实现的生命。

假如，明天我给你一个福利，让这世界上所有的女人或男人都追求你，你会发现你仍然不会感到满足。快乐和痛苦的发生，都没关系。你只是生活在身体的范围内，身体只知道生存和繁殖，并且每时每刻它都在走向坟墓，别无他处。

你的身体仅仅是你从这个星球上贷的款。你称之为"死亡"这件事情，仅仅是大地母亲收回它给你的贷款。地球上的所有生命不过是在循环之中。如果你所知道的一切只是身体——而且无论如何你都将失去它——恐惧就常伴你左右。人们甚至开始认为恐惧是自然存在的一部分，不是的，恐惧是你存在的非自然的结果。你还没有探索生命完整的深度和维度，却已经将自己局限于肉身，正因为如此，恐惧是自然的结果。

听说过乔治·贝斯特吗？他是最伟大的足球运动员之一，他全力以赴地投入生活。人们形容他说，每一位流行的电影明星和模特都在某段时间和他拍拖过，有时是同时和 3 个人拍拖！但在他 35 岁时，他如此潦倒、悲惨、沮丧，59 岁时就离世了。人们以为他拥有一切，而实际上他的一生很糟糕。

原因就在于身体本质上是有局限性的。身体在你的生命中只能扮演那么多角色，如果你试图将它延展到你的整个生命，你就会吃苦头，因为你在试图创造一个谎言。生命会以自己的方式，用千百万种最难以预料的方式来打击你、粉碎你。

对于许多人来说，拥有财富和健康只会驱使他们采取更多极端的行动去追逐快乐。如果你看到文明的背后，你就会发现糟糕透顶的陋习。我们甚至不放过我们的孩子。这是人类只关注物质层面而不关注其他维度造成的一些后果。

人们之所以沮丧，是因为试图将生活中小小的一部分当作生命的全部，这是行不通的。如今，尤其是将身体当成一切的人，他们创造着数不清的痛苦。现在身体所享受的是最好的条件，有医疗服务、保险、汽车等，比以前任何时代的人都拥有更多的舒适和便利，但是人们遭受的痛苦却是巨大的。在富裕的国家中，几乎每5个人中就有一个人使用某种药物来维持内心平衡。当你每天需要靠药丸来保持正常状态，那不是快乐。每天你都处于濒临崩溃的边缘，因为你将生命中很小的一方面当成生命的全部。这样的生活只会给自己造成伤害，别无其他。

终有一死是关键

"当一个人还没有意识到自身的永恒本质时，他至少应该意识到自己终有一死的本质。"

只有当你意识到自己终有一死的本质，你才会想要了解生命之外的事。只有这时灵性修行才在你的生命中开始。

有一天，两个年过八旬的男人相遇了。其中一个男人看到对方的姓认出了对方，问道："你是不是参加二战了？"

另一个人回答："是啊。"

他问是在哪个地方、哪个军营。另一个男人告诉了他。

这时，那个男人说道："噢，我的天啊！你难道不认识我了吗？我们在同一个散兵坑里啊！"

于是他们一拍即合！不停地聊啊聊。他们聊的全部实际上就是一场大约 40 分钟的激烈战斗。他们谈论着每一颗飞过的子弹。子弹呼啸而过，仅与他们几米之遥。这场 40 分钟的战役，他们谈论了超过 4 个小时。

当他们彻底探讨了这场 40 分钟的战役中他们所知道的

一切后，其中一个男人问道："这场战争结束之后，你都在做什么？"

"喔，这60年来，我只是一名销售员。"

在他们的整个人生中，那40分钟是他们生命中最刻骨铭心的经历。他们可以就此谈论好几个小时，因为那时死亡每时每刻都近在咫尺。当死亡如此靠近，他们与其建立了一份深刻的联结。那之后，这个人就只是个销售员。

如果你意识到自己终有一死的本质，你的内在就会变得深邃。当一个人还没意识到自身的永恒本质时，他至少得意识到自己终有一死的本质。只有当他意识到终有一死的本质并面对它，渴望超越才成为一股真正的力量。否则，所有的灵性修行就只是一项糟糕的消遣。

欲望就是生命

释放你的欲望，不要将它局限于有限中。在无限中的欲望就是你的终极本质。

欲望这个话题制造了很多困惑，因为人们一直被教导必须放下欲望。你想放下欲望，这难道不是一个欲望？或者如果你说："我想要成为上帝"——这难道不是非常贪婪的欲望？有的人只是想要一小块的创造，你称之为贪婪。但是，如果有人想要成为创造者，这难道不是终极的贪婪吗？大多数人只是在寻找创造的一小块，而一些人在寻求造物主本身，这是最有野心的欲望。

如果你创造一个想要放下欲望的欲望，你仍然处于欲望中。你见过没有任何欲望的人吗？你能想象一个没有欲望的人吗？或许他们的欲望和你的不同，但是存在一个没有任何欲望的人吗？没有这样的事。因为你称之为生命的能量，和你称之为欲望的能量，二者之间没有区别。没有欲望意味着生命没有任何可能性。

任何不可行的教导都不是教导，只是废话。只有当中存在可能性，你才可以将其称之为教导。十足的废话已经被说了很长时间，仅仅是因为一些话被印在书上或某人说这是高尚的，并不意味着它就是正确的或是真实的。

之所以有无欲与超脱的教导，是因为人们有选择地投入自己的生命，这给他们及周围的每个人制造了很多困惑。人们总是说："放下执着，要超脱。"如果你保持对生命的超脱，你又如何了悟生命？了悟生命的唯一方式就是让自己全然地投入生命。

所有关于超脱的教导，本质上是源于对纠缠的恐惧。因为很大一部分人纠缠于某些事物，给自己带来痛苦和挣扎，于是有人想出这样愚蠢的解决办法："要超脱。"这意味着他们对待生命的解决方式就是："回避它。"

你恐惧投入，你认为如果你投入了，就会受伤。事实并非如此，如果你投入将不会受伤。对生命有选择地投入才会导致纠缠，或是导致通常所说的执着。如果你有选择地生活，自然地，你将会纠缠于生活的过程，而纠缠会制造痛苦和挣扎。通常人们只知道纠缠，而不知道投入。只要其中有受伤的可能性，人们肯定就会犹豫要不要投入其中。但是，当没有对纠缠的恐惧，你就会义无反顾地投入到一切中。

没有投入就没有生活。无论是你所吃的食物、你身边的人、周围的生活、艺术、音乐或其他——你能够不投入就体验到吗？如果你想要回避生活，那就意味着死亡。活着，想死却没有死，这是折磨，这是半死不活。

无论是享受生活还是受苦，根本在于：如果你心甘情愿地投入到任何事情中，那就是你的天堂；如果你心不甘情不愿地做任何事，那就是你的地狱。无论什么时候，每当你被迫做自己不想做的事情时，你就会在那个过程中备受煎熬。

如果你不情愿，最美好的事就会变成最丑陋的事。这一刻你说："我要超脱。"你就是不愿意面对生命的过程，并为自己创造地狱。那些给自己创造地狱的人，总是把这个世界也搞得一团糟——有时是怀着非常好的意图的。

你可能听说过一些神话故事，当神要灭魔时，魔鬼有能力复制自己。每一滴魔鬼流在地上的血，将会产生一千个魔鬼。这些不是事实，而是一种辩证的说法，指的是有很多恶魔在你内在折磨你。你的欲望和激情就好比如此。如果你试图与他们斗争，如果你砍了他们，他们会流血，流下的每一滴血，又会化成几百几千个。你不必克服欲望，欲望不是敌人。欲望是你存在的基础。当欲望制造了痛苦，你就开始认为欲望可能是你的敌人，实际上并非如此，正是欲望组成了你的生命。

那么，该如何对待欲望？

与欲望斗争是无用的，去渴望生命中最高的可能性，将你所有的激情，引向你能够想到的生命中的最高可能性。训练你的欲望，使之流向正确的方向，仅此而已。

欲望是一个通往你无限本质、超越一切局限的工具。这个无限无法分阶段实现。如果你欲望的无限本质分阶段体现，只会事与愿违——将会永无止境，因为无穷永远无法被计算。释放你的欲望，不要将它局限于有限之中。在无限中的欲望就是你的终极本质。

第二部分

———

头　脑

马戏团小丑像体操运动员一样

一旦你和你头脑的活动之间拉开距离，头脑就不再混乱，而是一场出色的交响乐、一个巨大的可能性。

在当代，人们做了大量的工作去研究头脑的活动，更具体地说，研究大脑的活动。如果你能看到各个神经元在大脑中的运作，就会了解它们的活动具有惊人的内聚力。正是这种内聚力让身体可以高效地运作。而由于这些神经元极其协调一致，此刻我们身体内发生着数以亿计的种种活动。

但对于大多数人而言，很不幸的是，他们的头脑乱成一团，如同一出马戏。其实马戏表演是协调性非常强的活动，只是故意让人看起来很乱。实际上，马戏团的小丑像体操运动员一样，在他所表演的项目上极富才华，协调性非常棒，只是装扮成小丑。

重点是我们如何来指挥头脑活动这出马戏。头脑具有我们生命中最不可思议的可能性，而为什么它还成为一个制造痛苦的机器呢？

让我们这样看这个问题：什么时候你感觉很好？在你开心快乐的时候，对不对？即使在你生病的时候，如果你是快乐的，你仍感觉很好。因此，幸福从本质上来说指的是你内在感觉愉悦。如果你的身体感觉舒服，我们称其为健康；如果你的身体感觉非常舒服，我们将其称为愉快。如果你的头脑感觉愉悦，这叫宁静；如果它非常愉悦，这叫快乐。如果你的情感愉悦，这叫爱；如果它非常愉悦，这叫慈悲。如果你的生命能量愉悦了，这叫极乐；如果它非常愉悦，就叫狂喜。这是每一个人都想梦寐以求的，不是吗？

如果我碰到你的时候你正感觉愉悦，这时你会是一个非常友好、慷慨的人。每个人都会这样。但如果你感觉糟糕沮丧的时候，我碰巧遇到你，你肯定脾气不好。如果你内在感觉非常愉悦，你就会散发出愉悦。如果你内在感觉糟糕，你就会散发出不愉快的气息。你希望你邻居怎么样可是不一定的，但你一定希望自己总是处于最愉悦的状态！

因此，本质上来说，每一个人都在追求愉悦，无论是内在还是外在的愉悦。至于外在，总有各种各样的因素，没有人能够掌控外在的一切。我们能管理外部的情况，却只能在一定程度上创造外部情境。你没法让家庭里、工作中或更大世界中发生的情况都百分百按照你的希望发生。51% 的情况合你的意，就非常好了！那就说明你有控股权了。但是对于内在而言，它只有一个因素：你。至少你必须依照自己的意愿来啊。世界不合你的意不是问题，如果你依照自己的意愿来，就不会给自己带来痛苦，这是一定的。你就会在内在想象并去创造更大的愉悦。

"为什么我不是我想要的那个样子？"就是因为你内在的根本机能不听你的指挥。

有一次，这样的情况发生了，一位女士睡着了，做了一个梦，梦中她看到一个大块头的男人瞪着她，越来越靠近她，甚至她都能感觉到他的呼吸了。她浑身颤抖……不是因为害怕。她问道："你想对我做什么？"

那人回答："女士，这是你的梦！"

你头脑里所发生的只是你该死的梦，不是吗？现在的问题不是生活没有按照你所希望的发生；连你的梦也不是按照你所希望的来发生！

现在的主要问题是你自己的头脑不是按照你想要的方式来运作，我们希望外在的情况能为我们搞定这些，但是这些事情必须从内在搞定。快乐和痛苦都源自内在，它们不会从外在降临，只不过取决于你对外在刺激如何反应。你不是从内在着手，而是对外在的情况进行着反应，因此那些不愉悦在你的内在涌现。人类所体验的每一种苦都是从他们的头脑里制造出来的。

整个瑜伽体系就是一门能将你和你的头脑区分开来的技术。一旦把你和你头脑的活动之间拉开距离，头脑就不再混乱，而是变成一场出色的交响乐、一个巨大的可能性，你可以借此攀登上高峰。

瑜伽意味着走向一个体验的实相，在此实相中可以了解存在的终极本质，即创造存在的根本方式。瑜伽指的是体验合一，而不是从学习到的观念、概念或人生观上合一。如果你从智力上确信宇宙的合一性，这会让你在一场茶话会上受到欢迎，或者给你带来一定的社会地位，甚至得到诺贝尔奖，但这些没有其他用途。

如果一个人从智力上将万物看作一，这还会给他带来伤害，他会最终发展到做各种愚蠢的事情，直到有人好好给他一顿教训。不必是达到生与死这种程度的事情，即使只是关于钱，你就会看到，界限是明显的："这是我，那是你。"在这种时候，你和我没有合一的可能性！

有一次，山卡兰·皮莱参加了一个吠檀多哲学的课程，老师激情高涨地说，"你不是这个；你无处不在；没有"你的"和"我的"；一切都是你的。你看到、听到、闻到、尝到、触摸到的都不是实相，都是虚妄、幻象；万物是一。"

这深深地印在了山卡兰·皮莱的脑海。他回去了，睡觉也想着吠檀多。早上起来的时候激动万分。通常他爱睡觉，但是现在因为这个吠檀多，他起来的第一件事情就是开始思考，"这里没有什么不是我的，一切都是我的，一切都是我，世界上的所有都是我，所有都是幻象。"

你知道，无论一个人的人生哲学是什么，饥饿都会来临。于是他去了他最喜欢的饭店，点了一大份早餐，边吃边自言自语，"食物也是我，我也是食物；服务的人也是我，吃食物的人也是我。"吠檀多！

吃完早餐，肚子饱了，他四周打量，看到饭店老板坐在那儿。"都是我的，我的是你的，你的也是我的。"他头脑中萦绕着吠檀多的思想，站起身来，向外走去。当一切都是你的，为何要买单？

正当他穿过放着钱箱的柜台时，老板忙着其他的工作出去了。山卡兰·皮莱看到钱箱里一大堆的钱。在那个片刻，吠檀多告诉他："一切都是你的，你不能分这个和那个。"那么，既然他的口袋里空空如也，他就伸手进钱箱拿了一些钱，装进他的口袋，继续向外走。他并不是想要抢劫任何人，只是在实践吠檀多的思想。

饭店的几个人追过去抓住了他，山卡兰·皮莱说："你要抓什么啊？你抓的也是你；抓的人也是你。我胃里的东西也在你胃里，那我要付给谁钱啊？"

饭店的老板听懵了，他只知道蒸米糕、多莎饼和豆饼！如果一个小偷逃跑了，他知道怎么去抓住他、怎么打他。但是听到山卡兰·皮莱说："抓的人也是我，被抓的人也是我。"他就不知道怎么办了，于是他将山卡兰带到法院。

在法院，山卡兰·皮莱继续着他的吠檀多的理论。法官尝试各种方法让他明白过来，但都没用。于是法官下令："好吧，抽他60鞭子。"

一鞭子抽下去……打回现实。

第二鞭子抽下去……一声大叫。

第三鞭子抽下去……他尖叫起来。

这时候法官说："不用担心，打的人是你，被打的人也是你，那么谁能打谁呢？都是幻象。那就在他屁股上抽60鞭子吧。"

这时候山卡兰·皮莱哭叫起来："求求你，别吠檀多了。放了我吧！"

因此，当你从智力上理解一切的时候，只会导致这些自欺欺人的情况。但是如果合一成为你体验到的实相，你不会有任何不成熟的行为，它会为生命带来巨大的体验。

如果你试图停止头脑里的这些妄念，你会发疯。因为用你的头脑，所有踏板都是油门。那里没有刹车，没有离合器，什么都没有。你注意到了吗？无论你试图做什么，头脑只会转得更快。但是如果你不去注意，你的念头就会慢慢减少。

个性是概念，共性不是概念，而是实相。换句话说，瑜伽的意思是丢掉所有的概念。瑜伽不过是"控制心念"。那就是，如果你头脑的活动停止，而你仍然处于警觉中，那你就在瑜伽中了。

小贴士

至少每个小时提醒自己一次：你带着的一切东西，你的手提包、钱、关系、身体和心灵上的沉重感，都是你天长日久所积累的东西。如果你越来越意识到这一根本事实，内在逐渐不再认同，同时又有深深参与一切的感觉，你就会从疯狂转变为静心。

磨刀

　　智力对生存而言是很棒的工具，同时它又是可怕的障碍，阻碍你体验生命的合一。

　　从表面上来看，头脑可以分成三部分：分别层面，即智力；积累层面，它收集信息；第三个层面我们将其称作慧或觉知。

　　头脑的第一部分是分别，你能够分别一个人和一棵树，就是因为你的智力在运作。你知道你得穿过门，而不是穿墙而过，也是因为你的智力在运作。没有这个分别的层面，你将不知道如何在地球上生存下去。

这个层面的头脑，本质上是去分解一切。现代教育的本质也是如此。人们不断分解，甚至连看不见的原子也要分解。一旦你任由头脑在智力层面运作，它就会将看到的一切进行分解，不容许你与任何东西全然地在一起。智力对生存而言是很好的工具，但同时它又是阻碍你体验生命合一的可怕障碍。

你的智力成为障碍的原因是你让它沉浸在头脑的积累层面，即记忆。你让你的智力仅限在你目前所积累的基础上运作。让我们来看这个：头脑中升起的每一个念头都源自你所收集到的东西。因此当你让智力沉浸在头脑的积累层面，它就不再锋利，而成为一个陷阱。如果你唤醒头脑的另一部分——你的觉知，这个智力就会变得更加敏锐。一旦智力沉浸在觉知中，头脑的分别层面将会变成一个解脱的工具。

头脑的积累部分不过是社会的垃圾桶，它只是积累你从外在收集到的各种印象。所有你身边路过的人都会塞点东西到你的大脑里：你的父母、老师、朋友、敌人、牧师，几乎每个人。你没法选择接收或不接收。如果你说："我不喜欢这个人。"你从他那里接收到的比从任何人那里接收到的都要多！你的智力即沦为重复利用你大脑里各种垃圾的工具而已。

　　你头脑中的每一点信息、所有的印象都是通过你的五大感官进入的。你的感官总是通过比较这个唯一的渠道来认知一切。只要有比较，就总会有二元性。因此感官一直在创建着生命中的二元性。它们只能认知事物的一个部分；从来不能理解全部。比方说我让你看我的手，如果你看到我手的一面，就不能看到另一面；如果我让你看另一面，你就不能认知这一面。你的各种认知全是零碎的，只能让你产生对整体的错误认识。

　　你头脑中收集的所有信息都是零碎的。当你的智力沉浸在这个积累的层面，你的智力就会对生命得出非常错误的结论。人越沉浸在念头中，会越不快乐，这很不幸。念头不是问题，认同念头就是问题了。思维清晰的人应当是快乐的，但对很多人而言，想得越多，就越不会笑了。他们认知的工具被感官知觉的各种局限所奴役。

　　如果你一直用觉知清理智力，智力就会变得像剃刀那样锋利，能切开什么是真的、什么是假的，将你带向一个完全不同层面的生活。如果一个人要成长，要通过头脑达到终极的本质，就需要让自己的智力在终极的意义上真正有分别力，不是说将一切分成好的和坏的、对的和错的，而是要看清楚什么是真实的、什么是虚假的、什么是有关存在的、什么是心理层面的。

小贴士

　　如果你有意识地走上一条拉紧的绳子，你别无选择只有保持觉知。如果你的智力一直在选择好的和坏的，它只能成为一个带有偏见的智力。当它忙于将世界分成好的和坏的，你肯定就会掉下来。不要照字面理解拉紧的绳子。你可以试试让身体的活动变得更精确一些（如果你练习哈他瑜伽体式，这会自然发生）。这不是要你过分在意自我或故作姿态，而是使自己变得更准确。用你的身体来试试看。在每个动作、活动中带入精确，这是让你的智力沉浸在觉知中的一种方法。

觉知就是活着

觉知不是你可以做的事情，觉知就是活着，觉知是你的存在方式。

什么是觉知？对不同的人而言这个词的含义不同。当我们说"觉知"，不要将其误解为头脑的警觉性，头脑的警觉性只能增强你在这个世界上生存的能力，像狗那样的警觉性。觉知不是你做什么事情，状态和行动之间是有区别的。觉知是你的存在方式，觉知就是活着。

睡眠、清醒、死亡——他们只不过是觉知的不同层面。假如你在打瞌睡，有人稍稍用手肘推推你，哇！整个世界又回来啦！这可不是件小事情，片刻之间，你重新创造了整个存在，不是吗？刚刚在你体验中被抹掉的那个世界又突然出现了，不是用了7天才出现的，而是立刻就出现了。

你怎么知道存在是在还是不在了呢？只能通过你的体验了解，别无其他证明。觉知可以让你创造或者抹掉这个存在。如果没有觉知，整个存在都消失了，觉知就是这么神奇。你可以将你的觉知带向不同的等级。当觉知的等级越来越高时，整个存在的全新维度会向你的体验开放。别人怎么也想象不出来的世界对你而言成为活生生的实相。

假如你问一个睡着的人"世界存在吗？"他的回答会是不存在。因为他没有觉知，所以对他而言这个世界是不存在的。但是，就是睡着了，你也不是完全没有觉知的。一个睡着的人和死人的区别就在于觉知的不同。

同样的，一个醒着的人和一个觉醒了的人之间也是有区别的。觉醒的人也会睡觉，但是他达到的觉知状态让他的某些部分不会睡着，对他而言，身体也会休息，但是他的某些部分一直保持清醒，因为他的觉知已经达到另一个层面。

觉知是一个包容的过程，是一个拥抱整个存在的方式。这不是你能做的事情，但你可以营造适当的条件，让它发生。不要试图做到有觉知，这不起作用的。如果你恰当地校准和培养你的身体、头脑和能量，觉知就会绽放。那时候你活着的程度会比现在高得多。

小贴士

你今天可以尝试一下这个实验，当你快要睡着的那个片刻，尝试让自己有觉知。这个练习可以在床上做，跟着 Isha 克里亚冥想视频的指导。在那个最后的片刻如果你能保持觉知，就会在整个睡眠中保持觉知。如果你能在死亡发生的那个片刻有觉知，死亡之后也会有觉知。从睡觉来开始这个练习，睡觉不过是暂时的死亡。每一天你都有对这个维度变得有觉知的可能性。

如愿树

如果你产生一个强有力的念头，把它放出去，
它总会自己显现出来。

头脑有五种状态。

它可能是呆滞的——指的是根本没被激活，这是未发展的
状态。如果你给它能量，它会活跃起来，但还是散乱的。继续
给它能量，它不再散乱，而是摇摆不定的。继续给它能量，就
会专注一处。再给它能量，它会变得有觉知。如果你的头脑有
觉知了，它是魔术，是奇迹，是通往另一边的桥梁。

呆滞的头脑不是问题。有的人头脑非常简单，智力还不活

跃，这不是问题。他吃得好、睡得好。就是那些能思考的人睡不着觉！头脑简单的人进行身体活动比那些所谓的聪明人要强很多，他们有某种平静，因为需要一些智力来创造出干扰和混乱。一个呆滞的人的头脑更接近动物性，而不是人性。

一旦能量进入，头脑就活跃了，但可能是散乱的。有些人开始灵性修行的时候，可能会体验到一种全新层面的活跃。除非在很有利的氛围下，否则他们可能没有能力去处理这种情况。这种头脑的活跃其实是源于系统中新能量的开启，可能会被一些人理解或解释为受到干扰。有一种精神症普遍存在，那就是人们倾向于害怕一切新的东西，但是事实上，这只是一个人从迟钝转向更高层次的活力而已。

那些头脑非常散乱的人一旦开始灵性修行，就会得到改善。但是现在他们的头脑开始摇摆不定——第一天这样，第二天那样。一个片刻，头脑换了10个地方。这种情况相对于散乱是巨大的进步。

如果头脑已经处于摇摆的状态，继续给它能量，慢慢的，头脑会变得专注。这好了很多，但最重要的是头脑应当变得有觉知。存在中最神奇的东西不是你的电脑、汽车或宇宙飞船，而是人的头脑——只要你能有意识地使用它。为何一个人成功得如此轻松自然，而对另一个人而言想要成功相当困难呢？这是因为前者能够按照自己想要的方式去思考，而后者却不能。

稳定的头脑或者很有条理的头脑被称作是 kalpavriksha，或施予福泽的如愿树。有了这样的头脑，无论你要什么都会实现。你所要做的就是将你的头脑发展成为如愿树，而不是一个制造愚蠢的源头。

一旦你的思想有了条理，你的情感也会有条理。一旦你的思想和情感都有条理，你的能量会朝着同一个方向变得有条理。这些都有条理了，你的身体也会有条理。所有这一切都按照一个方向组织好了，你就有非凡的能力去创造和显现你所想要的东西。

如今现代科学证明整个存在只是能量的回响，是振动。同样，你的念头也是一种振动。如果你产生一个强有力的念头，把它放出去，它总会自己显现出来。要实现这一点，重要的是你不要产生消极的思维去妨碍和削弱你的那个念头。

通常人们用信仰来去除消极的思想。一旦你成为爱思考的人，就很难有坚定的信仰。无论你认为自己多么深信，怀疑总会在某个地方跳出来。你的头脑机制是这样的：此刻如果上帝出现了，你不会向他臣服；你会想调查看看他是不是真的上帝。如果有这样的头脑，就不要把时间浪费在信仰上了。

还有一个选择，就是全心投入。如果你致力于创造你真正想要的，那么你的思想会再一次以一种扫清一切障碍的方式组织起来。你的思维朝着你的目标自由流动，一旦这种情况发生，它就会自然显现出来。

小贴士

要创造你真正想要的，首先必须在你头脑中完全显现你想要什么。你是真的想要的吗？请谨慎对待。在你的生活中你有多少次一开始认为"就是它了"，但是你一得到就立马认识到它根本不是你想要的！所以我们首先要了解什么是我们真正想要的。一旦这一点弄清楚了，头脑中朝那个方向会有个持续的思维过程。保持稳定的思维流，不要改变方向，它就会在你的生活中以现实的方式显现出来。

那是一定的。

认同的污垢

你了解到的任何信息，如果不是你活生生的体验，那就是纯粹的垃圾。或许是非常神圣的垃圾。但是它不会让你解脱，只会缠绕住你。

因为有了智力，所以产生了分别。智力就像一把刀，切开一切让你获得一些认知。如果要让一把刀毫无阻碍地进行，非常重要的一点是无论它切什么，都不要粘在上面。

假如你今天用刀切一份蛋糕，明天用刀切面包，后天用刀切其他东西，所有的残渣都粘在这把刀上面，一段时间之后它就是没用的工具了。你肯定有过这样的经历：你切洋葱，之后切芒果或苹果，什么尝起来都是洋葱味。那把刀对你而言就成了一个讨厌的东西，而不是帮手！换句话说，一旦你的智力认同了什么，什么就成为束缚，这样你对现实的体验就完全地扭曲了。

让我给你讲个故事。阿克巴大帝在很小的时候，就失去了自己的母亲。于是另一个女人被带来给阿克巴喂奶，这个女人自己也有个儿子。因为她做了阿克巴的奶妈，因此日后得到了报答，她那个比阿克巴年长一点的儿子，分到了几个村镇，成为一个小国王。许多年以后，阿克巴成为一位杰出的皇帝，但是那个男孩，因为缺乏必要的才智或能力，挥霍掉了一切，失去了所有的财产。

这个男人在大约 32 岁的时候，产生了一个想法，我的妈妈是皇帝的奶妈，从某种程度上来说，因为我们喝的是同一位母亲的奶，我们就是兄弟。那么，我应该也是一位皇帝。我比阿克巴年长，我是哥哥，我应当是那个真正的皇帝。

带着这个想法，他去找阿克巴，对他说："你看，我的妈妈给你喂过奶，我们喝过同样的奶水，我们是兄弟，我是你哥，现在，我是穷人，而你是皇帝，你怎么能这样不管我呢?"

阿克巴被深深地触动了。他欢迎这个男人，把他安顿在皇宫里住下，像对一位国王那样对待他。由于这个男人在村子里长大，不习惯皇宫里的方式，做了很多愚蠢的事情。但是阿克巴总是说："他是我的哥哥。"并向每个人介绍他是自己的哥哥。

这样过了一段时间，到了这个男人要走的时候了，他有事情得回去。这时候阿克巴说："好吧，你失去了那些村庄，我再给你五个新的村庄让你统治，你自己当小王国。"

这个男人说："我看到你这么成功，是因为你身边有很多聪明的人。我没有任何这样的人，所以我失去了那些村庄。要是我也有好的大臣和谋士，我也会像你这样建立起一个大帝国。最重要的是，你有比巴尔，他那么智慧。如果我有像他那样的人，我也会成为一位伟大的皇帝。"

阿克巴就说："如果你想要，可以把比巴尔带走。"

这个男人激动万分："好的，如果我有了比巴尔，我也会成为一位伟大的皇帝。"

于是阿克巴命令比巴尔："你必须跟我的哥哥走。"

比巴尔说："陛下，你的哥哥值得拥有更好的人，我也有一个哥哥，我可以让他跟着你哥哥。"

　　阿克巴认为这主意很棒，因为他确实不想失去比巴尔，但是他认同这个男人是他的哥哥。听到这个想法他如释重负地说："这主意很好。"

　　第二天，这个男人要离开了，宫廷中举办了一场盛大的送别仪式，每个人都到场了，等着比巴尔带他的哥哥来。

　　比巴尔拖着一头公牛进来了。

　　阿克巴问道："这是什么？"

　　比巴尔答道："这是我哥哥，我们喝过同一个母亲的奶。"

　　一旦你的智力认同什么，这个身份就给你划定了活动的范围。你的头脑原本应该是通向神性的梯子，却要么在碌碌无为中跌跌撞撞，要么成为直通地狱的阶梯。

　　无论你认同什么，你所有的思想和情感都源自那个身份。现在假如你认同自己是男人，你所有的思想和情感都来自于那个身份。或者你认同你的国籍或宗教，你的思想和情感也会源自这些身份。无论你有怎样的思想和情感，都代表了某种程度的偏见，你头脑本身就是某种偏见。

　　一旦你认同于某个东西，你的头脑就成了特快列车，你没法让它停止。如果头脑高速行驶，你想刹车是做不到的。在踩刹车之前，你必须首先将脚从油门移开。如果不再认同本不是你的一切，你将会看到，这时你的头脑会是空白一片。如果你想要用它，你可以用，否则它就是空白。那才是它原本的样子。

无论你认同什么，当死亡来临，一切都将终止。如果你有些理解力，你现在就会认识到，如果你现在没有认识到，死亡会教你，这一点毫无疑问。

如果一个人不将自己看作一个男人或女人，如果他不用任何身份认同——包括身体、家庭、资格、社会、等级、信条、社区、民族，甚至是属于哪个物种等生活中各种各样的身份——来妨碍自己的智力，他就会自然地接近终极本质。

如果你运用智力，试图到达你的终极本质，这被称作智慧瑜伽。智慧瑜伽是纯智力的。修习智慧瑜伽不能去相信或认同任何东西，如果这样做的话，智力就完蛋了。但是智慧瑜伽在印度的情况却是，其修持者相信很多东西："我是阿特曼（小我），我是帕茹阿玛特玛（大我）"等。他们相信宇宙的安排，相信灵魂的形状和大小。他们从一本书里了解所有的内容。这不是智慧瑜伽，你了解到的任何信息，如果不是你的生命体验，那就是纯粹的垃圾。或许是非常神圣的垃圾。但它不会让你解脱，只会缠绕住你。

有一天，一头公牛在旷野里吃草，吃着吃着，它走进了森林的深处，草很茂盛，吃了几个星期，这头牛又肥又美。有一头狮子已经衰老，捕捉野生动物已经困难了，这时候看到了这头又肥又美的牛，扑过去杀死了牛，吃得干干净净。狮子的肚子饱饱的，感到无比满足，于是咆哮起来。几个猎人正好路过，听到咆哮声，追捕到狮子，将它射死了。

这个故事的寓意是：如果你一肚子牛肉（双关语，意为满嘴胡言），就不要张开嘴巴。

但一直以来，人们仿佛对任何事情都要开口说两句。现在，学识常常只是信息的积累，而这些信息的前提都有问题。这样的追求只与社会有关，与存在没有任何关联。

极少有人具备百分百修习智慧瑜伽的必要智力。大多数人都需要做大量的准备。有一整套的系统能够让你的智力像剃刀那么锋利，不会粘上任何东西。这是非常耗费时间的，因为头脑很狡猾，它会创造出上百万个幻觉。智慧瑜伽作为你修持的一部分是可以的；作为唯一的修持，只有少数人才可以做到。

小贴士

可能的话，独自一人坐上一天，或至少一个小时，不要看书或电视，什么都不做。只是去看在这一个小时或一天的时间里，头脑中主导的念头是什么——无论是关于食物、性、车、家具、珠宝等一切。如果你发现自己周而复始地在想着人或事情，那你本质上是认同你的身体。如果你的念头是关于要在这世上做什么，那你本质上是认同你的头脑，任何其他的都是对这两个方面的复杂扩展。（这不是评判价值观，只是了解你处于生命的哪个阶段的一个方式。你想进化多快取决于你自己的选择。）

道德偏见

如果你追求一点点的灵性，首要的一步是放下
所有关于好坏的想法。

我们面临的最大问题之一就是自孩提时代起，道德就被强
加给我们。人们教你什么是对错、什么是好坏，它们是认同中
非常强烈的方面。无论你认为什么是好的，你自然就与它认同。
无论你认为什么是坏的，你自然就排斥它。这种受一件事情吸
引，对另一件事情反感就是认同的基础。你头脑的本质是：无
论你厌恶什么，什么就会成为你头脑的主导。假如有人告诉你：
"这是美好的，这是邪恶的，不要想那个邪恶的。"现在，如果

你抗拒那个被认为是"邪恶的"的念头，它就占据你头脑的全部时间；你头脑中就没有其他了！

一个自认为自己很好的人，对他而言，世界上没有其他人是没问题的。不管怎样，你是从哪里了解到自己是好的？只是通过比较，对吧？因此只有相对于坏的，你才是好的。认为自己好的人常常是傲慢的，很难在一起生活。这种道德的优越感导致了世界中太多没有人性的行为，却被我们忽视。

"好"人往往知道所有的"坏"事情。只不过他们成功地避开了这些事！如果你正在躲避什么，可能意味着你一直在想着它。躲避不是获得了自由，它意味着你的好是源自排斥的："他不好，她不好。"而真正的纯粹来自包容。

这些好坏、对错的想法都是头脑里的妄念，与生命本身没有关系。一百年前被认为是非常好的东西在今天可能是让人无法忍受的。你认为很好的，你的孩子可能讨厌。你的偏好，只是对生活某种程度的偏见。

有一天，两个爱尔兰人在街上干活，正好在一家妓院的门口，他俩看到一位新教的牧师过来了。牧师竖起衣领，低着头，悄悄地溜进了妓院。这两个爱尔兰人互相看了看，说：

"看，你能指望新教徒什么？反正新教徒和性交易之间区别不大。"

然后他们继续干活。过了一会儿，一位犹太教的法师过来了。他戴着一条围巾，几乎挡住了脸。他也闪进了妓院。这下两个人感到痛苦了。"发生了什么？世风日下啊。教徒进妓院了！为什么会发生这样的事？"两个人对此感到很难过。

过了一会儿，当地的主教过来了。他四周看看，拉紧自己的斗篷将脸包起来，也进了妓院。

其中一个人对他的同伴说："肯定是因为有一个小姐病得很严重。"

一旦你被自己的好坏观念束缚住了，你的看法就完全扭曲了。你的智力就围绕着自己所认同的这些运转了，这让你永远看不到任何东西本来的样子。如果你追求一点点的灵性，首要的一步是放下所有关于好坏的想法，学习去看生活本来的样子。

人们常问：难道我们生活中不需要道德吗？事实上，根本的人性在如此多的方面被压抑和扭曲着，于是道德这个替代物给我们的生活带来一些秩序和理智。如果我们的人性是活生生的，就根本不需要道德。

时代、地点、情况以及个人需求不同，人的道德标准也不一样。但是当人性得到绽放的时候，任何时候、任何地点都是一样的。从表面上看，在我们的价值观、道理观和伦理观里，我们每一个人可能都不同，但是如果你懂得如何深入到一个人的内心，触碰到他的人性，每一个人都会做同样的事情。要把道德强加给人，你无须参与，只需规定就行了，甚至可以将规定写在石头上来要求人！但是如果你要激发出一个人的人性，需要更多地参与，你需要将自己给出去。

道德是有价值的，因为它会带来社会秩序，但是它也导致了内在的浩劫。人性也能带来社会秩序，而且不需要强制执行，它让人变得更美好。只要你的内在充满人性，神性自然绽放。道德从来不会带来神性，相反，它只会给你带来内疚、羞耻和恐惧，因为没人能符合宗教规定的那种道德要求。

将世界上主要宗教认为是"罪恶"的事情列出来，你会发现活着本身就是一项罪。你出生了，这是一项罪，来月经是一项罪，交配是一项罪。甚至你只要吃块巧克力，就是制造了一项罪。一切都是罪。生活本身是一项罪，那你总是处在内疚或恐惧中。如果人们没有这么多的害怕和内疚，世界上的寺院、清真寺和教堂就不会挤满了人。如果你轻松快乐，你会去海边坐下，或倾听树叶之间的悄悄话。就是因为这些宗教给我们灌输了关于一切的内疚感、恐惧感和羞耻感，你对你的存在、生理方式都感到难为情，这样你就得去寺院、清真寺或教堂洗刷掉这些。

人们总会找到方法来颠覆价值观、道德和伦理。但是当你轻松快乐，你的内在感觉愉悦，你自然会友好地对待周围的每一个人。灵性修持不是指脱离生活，而是彻底地活着，实践最大的可能性。正是基于这个原因，我全部的工作不过是让人类活得真正充满喜悦。年岁增长，身体的灵活性可能下降，但是快乐和活着的品质无须降低。如果它们降低了，你就是在用分期的方式自杀。

不幸的是，所有的信仰都被看作是灵性。灵性修持从来都是一种追求、探寻，和信仰区别很大，因为信仰指的是你想当然地相信你所不知道的；探寻的意思是你认识到自己不知道，这带来了巨大的灵活性。一旦你相信某个东西，就给你的生命带来了某种僵化。这种僵化不仅体现在态度中，还渗透到你生活的各个方面，给世界制造了许许多多的痛苦。人类社会从来都是人的映像。人类如果能够变通，愿意去真正了解一切，而不是陷在成见和看法里，这会带来一个不一样的社会。

瑜伽这种方法在我身上、在数百万人的身上发生了不可思议的作用。它是一种方法、工具、科学，与信仰、信念或乐观无关。因为它带来的成果得到了证实，我们知道它管用。正如你有一颗好种子，给它创造合适的环境，它就会发芽。创造合适的环境是唯一要做的工作，不需要做其他任何事情，不需要教导伟大的道德或爱。如果你的人性完全绽放，你就不需要道德，无论如何你都是一个美好的人。

成为一个充分发展的人涉及生命中的全部可能性，请朝着如何解脱这个生命的方向努力，而不是如何控制这个生命。寻求解脱就一定会与所有消极活动绝缘，因为一切的消极都源自个体的局限性。从局限到解脱，就是这条路。

逻辑的局限

"追求逻辑到极致就只有自杀。"

没有逻辑思维，就不能在地球生存。但另一方面，如果你的思维太符合逻辑了，也不能生存。

假如你明天早上醒来，开始百分百地用逻辑思考。不要想日出、天空的鸟、你孩子的面孔、花园里盛开的花，只有逻辑思考。现在，你得起床，然后你得上厕所、刷牙、吃饭、工作、吃饭、工作、吃饭、睡觉。第二天还是一样的，还是做同样的事。接下来的30年、40年、50年、60年里，都做同样的事情。如果你只是百分百逻辑思考，你没有要活着的理由！

有一天，纽约的一个男人正在往家走。他下班迟了。突然他有了一个浪漫的想法，于是去花店买了一大束红玫瑰，到了家门口，敲了敲门，他的妻子打开门。

她看了他一眼，开始尖叫。"今天已经够糟糕了！龙头漏水，地下室淹了，孩子们为抢吃的打架。我得打扫整个屋子，狗生病了，我妈不舒服，你竟然还有胆子喝醉了酒回家！"

　　追求逻辑到极致就只有自杀。因此，如果你百分百地用逻辑思考，生活就真的没有可能性了。只有你知道在多大程度上可以用逻辑思考（以及在什么地方不可以用逻辑思考），你才会了解生活的美好。

将自己看作生命

你来到世上是体验生命还是思考生命？

有人告诉你："我思故我在。"真是这样吗？因为你存在，你才能产生思想，不对吗？你的思维成为如此具有强迫性的驱动行为，你不再关注你的存在，转而关注你的思维，以至于你现在开始相信因为你能思考，所以你才存在。即使没有你愚蠢的思维，整个存在还是在那里的。你真的能思考什么呢？不过是那些你收集和在使用的妄念罢了。除了那些被输入你头脑中的东西，你还能思考什么？你所做的不过是再次使用那些老数据。这种重复使用变得如此重要，以至于你都敢说"我思故我在"。这已经成为这个世界的生活方式。

因为你在，所以你能思考。如果你做出选择，你可以完全地在，却不思考。你生命中最好的时刻——幸福的时刻、快乐的时刻、狂喜的时刻、完全平静的时刻——在这些时候你没有思考任何事情，只是活着。

你想要成为一个活着的人还是一个思考的人？此时此刻，90%的时间里你只是思考生命，而不是去活出生命。你来到世上是体验生命还是思考生命？每个人都能以自己的方式想出自己的谬论，这不需要与实相有任何关系。与生命本身相比，你的心理活动只是一个很小的东西，但是现在，它比生命重要得多。我们需要将这个重要性回归给生命本身。

亚里士多德被认为是现代逻辑之父，他的逻辑是完美的，他的智力是非常出色的，这一点毫无疑问。但是他试图将逻辑延伸到生命的所有方面，很大程度上他是用一条腿走路。

有一个故事（我不知道这是不是真的，但好像是真的），有一天亚里士多德在海滩上走着。落日正无比绚丽，但是他没有时间注意这种每天都发生的小事情，他正在认真地思考着一些存在的大问题。因为对亚里士多德而言，存在是一个问题，他相信自己会解决这个问题。他一边在海滩上来来回回地走，一边认真地思考。海滩上的另一个人非常认真地做着什么事情——如此认真以至于亚里士多德都无法忽略他。

你知道，那些对自己的妄念思考太多的人最终都忽视了周围的生活，他们是不会对任何人笑，甚至不会看任何人的那种人。他们不会用眼睛去看一朵花、一场日落、一个孩子或一张笑脸——或者如果是一张不笑的脸，他们不会想要去逗它笑。对世界上的这种小事他们没有义务，也不关心！他们忽视自己周围的一切，因为他们一直忙着，忙着解决存在的问题。

但是亚里士多德无法忽略这个人，而且他仔细地观察这个人在做什么：这个人走向大海、回来，再去，又回来，始终极度认真。于是亚里士多德停住脚步，问："嘿！你在做什么？"

这个人说："别打扰我。我在做非常重要的事情。"继续忙着他的事。

亚里士多德更加好奇了，问："你在做什么？"

这个人说："不要打扰我，很重要的事。"

亚里士多德问："什么重要的事？"

这个人指着他在沙滩上挖的一个小洞，说："我要把大海里的水全装进这个洞里。"手里拿着一把汤匙。

亚里士多德看了看笑了。他是那种一年都不会笑一次的人，因为他是智力高的人。笑可是需要一颗心的，智力不是用来笑的，是用来思考分析问题的。

但是连亚里士多德也被逗笑了，他说："真可笑！你肯定是疯了。你知道海有多大吗？你怎么可能把大海里的水全装进这个小洞？还有那个，用一个汤匙装？至少如果你有个桶，还有点可能。放弃吧，这太愚蠢，我告诉你。"

这个人看着亚里士多德，扔下汤匙，说道："我的工作已经完成了。"

亚里士多德问："你什么意思？别提什么大海全部的水了吧，甚至这个洞也没满，你怎么能说自己的工作完成了？"

这个人是赫拉克利特，他站起身来说到："我想要用这把汤匙把大海里的水全装进这个洞，你告诉我这真可笑、太愚蠢，所以我应该放弃。你想要做什么？你知道存在有多大吗？它能装下 10 亿个这样的大海，还能装更多，你还想把整个存在全装进你头脑这个小洞里，用什么来装？用叫思想的这把汤匙来装？放弃吧，这太可笑了。"

如果你想要了解生命的体验层面，用思想这个小玩意去想，你是永远也不会了解的。无论你的思想多么出色，人类的思想总归是个小玩意。就算你有爱因斯坦的头脑，你的思想仍然是个小玩意，因为思想不会比生命大。思想只能是逻辑的，在两极之间运作。如果你想要了解广阔无垠的生命，用思想不够，逻辑不够，智力也不够。

你可以选择：或者你学会接受创造，或者你在自己头脑中创造你自己的谬论。你选哪一个？现在，大多数人都生活在心理的空间，而不是存在的空间。他们的处境不安全，因为这个空间随时会瓦解。

地球正在按时转动，这不是件小事。所有的星系都在完美运行，整个宇宙运转很棒。但是有一个不好的小思想在头脑里爬动着，你就觉得这一天很糟。

你有自由去思考任何你想要思考的，为什么不只想好的呢？问题是这样的：你有一台电脑，却不想麻烦地去找键盘。如果你有了键盘，你才可能会输入正确的词，对不对？现在你没有键盘，你像个野人一样猛击你的电脑。这样就不断出现错误的词汇。用你的电脑试试看，结果会惨不忍睹。

你失去了看待生命的适当视角，因为你把自己想的比本来的你大得多。在宇宙空间中，如果你正确地看待自己，你比一粒灰尘还小，但是你认为你的思想——它在你身上比灰尘还小——可以确定存在的本质。我怎么想、你怎么想都无关紧要。重要的是存在的伟大，这是唯一的实相。

你听过"佛陀"这个词，超越了自己的智力，或者超越了他的分别和逻辑层面的人就是佛陀。人类发明出了上百万种让自己受苦的方式。所有这一切都是在你的头脑中制造的。当你超越你的头脑，就不会再受苦了。当你不害怕受苦，就有了完全的自由。只有当这一切发生，一个人才能超越自身局限性去自由地体验生命。因此，成为佛陀的意思是：你是自己智力的观者。瑜伽和冥想的本质就是：一旦你和你的头脑之间有了清晰的距离，你体验的就是一个完全不同的存在维度。

小贴士

你可以尝试这个简单的练习。设置你的水龙头，或者任何类似的装置，让它每分钟只落下 5~10 滴水。看看你是否能够观察到每一滴水如何形成、如何落下以及如何在地上飞溅。每天观察 15～20 分钟。你会突然意识到如此多你现在完全没有意识到，却发生在你周围和内在的事情。

不用思想去了解

如果你选择了一盒子的智能，而不是选择一宇宙的智能，这是多么糟糕的选择！

无论你上过什么样的关于工程的课程，你仍然能向一个蜂窝学习。

你仔细地观察过蜂窝吗？它是一个工程杰作！是你所能想象到的最棒的公寓大楼，有着无比完美的结构。无论什么天气条件，你可曾看到过蜂窝从树上掉下来吗？看到过吗？它是难以置信的杰作，但是蜜蜂的头脑中有工程计划吗？没有，这些计划是在他们身体内的，因为它们的系统里有蓝图，它们非常清楚要做什么。

灵性的知识从来都是这样传播的——不是通过思想，不是通过语言，只是通过蜜蜂建巢的那种方式。这是一种下载，一旦你下载了，你需要知道的一切都在那儿了，但不是以思想的方式存在。如果你下载了某个软件到电脑上，你不需要了解它所有的运作方式，你只需按键，就会出来结果；按另一个键，出来另一个结果。你无须去了解软件上写的每个字，只要下载就好了。然后你就突然有了一个奇迹般的东西。

你有一种内在智能，正如我们前面所说的那样，它能够将面包转变成肉、将香蕉转变成人的一部分。最复杂的机器，包括大脑，都是由这个内在智能所创造的。现在你不过是在使用大脑的一部分功能，你就认为这是智能。不是。在你的内在有一个东西可以创造整个大脑，这个东西的运作方式完全不同。

我的思维非常有机，因为我不是用头脑思考，而是用我身体的每个细胞思考。它们在一定程度上协调一致，因此我不只是用我的头脑来思考。我头脑中根本没有什么念头，除非我想要去想。

　　在这个存在中，一切从来都在它们该在的地方。而在人类社会中，许多事情不在该在的地方。在这个生命和那个生命之间，他们有背景、有比较。但是对于让生命发生的智能而言，没有背景，没有比较。你不能说它现在是否在该在的地方——它总是在该在的地方，没有其他的地方可以存在。

　　一切的努力——灵性练习、瑜伽、修行——目的都是：将这个骨头盒子里的智能发展为整个宇宙的智能，这是灵性之旅。如果你选择了一盒子的智能，而不是选择一宇宙的智能，这是多么糟糕的选择！

小贴士

　　首先将思想是智能这个想法从头脑里去掉。创造的全部过程，从一个原子到整个宇宙，都是智能不可思议的表现。此刻你的身体内，有一个悸动着的智能，它就是创造之源。你那被过高估计的智力，能否了解你身体内一个细胞的全部活动呢？要想从智力的陷阱中走出，走向更大智能的第一步就是认识到生活的每一个方面——从一粒沙到一座山、一滴水到一个大海、从原子到宇宙——都是比你那个小小智力大得多的智能的显现。如果你踏出这一步，你将开始领悟生命。

没有头脑，就没有心

你有什么想法，就有什么感觉。

人们常说，他们的头脑这样说，而他们的心却那样说。他们问，在这种情况下，应该遵循哪一个呢？是头脑还是心？

事实上，头脑和心之间不是分开的，你是一个统一的整体。让我们先搞清楚什么被称作"头脑"和"心"。你将思维称作头脑，将感受称作心。我想让你带着最大的诚实认真地去审视，你就会发现：你有什么想法，就有什么感觉。

如果我认为你是个很棒的人，我就会对你有愉悦的情感。如果我认为你很糟糕，就会对你有负面的情感。我能认为你很棒，却对你有负面的情感吗？我能认为你很糟糕，却对你有愉悦的情感吗？这是不可能的。如果你认为某人是你的敌人，然后尝试去爱他，这是很难做到的事情。让我们不要把生活的简单方面变成很难做到的事。

你有什么想法，就有什么感觉。但是感受和想法在你的体验里似乎是不同的。想法本身有一定的清晰度和灵活性。今天，你认为这是一个很棒的人，你对他有愉悦的情感。突然他做了你不喜欢的事情，现在你认为他很糟糕。他在你的想法中立刻成了一个糟糕的人，但是你的情感不会立刻就变，它会斗争。如果情感现在是甜蜜的，它不会下一刻就变成苦涩的，它需要时间去转变，可能需要3天，或3个月，或3年，但过一段时间，它就会转变。

让我们不要制造头脑和心之间的这种冲突，你有什么想法，就有什么感觉。情感只是想法更生动的那部分。你可以享受情感，但无论你是否承认，总是想法指挥情感。你对谁的情感是一成不变的？情感也是喋喋不休的，一会儿这一会儿那，但是相较而言更愚笨，没有想法那么灵活。因为它们转动的弧线不同，强烈程度差别很大，看起来它们是分开的，但他们不是分开的，就像甘蔗和其中的甜汁不是分开的一样。

在大多数人的体验里，想法没有情感那么强烈，通常你的感受能够很强烈，但想法不能那么强烈。如果你产生一个足够强烈的想法，它也会吞没你。只有 5%~10% 的人能够产生如此强烈的想法，以至于不需要情感。90% 的人只能产生强烈的情感，因为他们从来没在另一个方向做必要的努力。但是有的人的想法非常深刻，他们情感不多，却是深刻的思考者。

你通常认为是"头脑"的那个其实是思维或智力。无论我说的话是"根据我的智力"或"发自我的心底"，那都是头脑。一个是逻辑层面，另一个是更深的情感层面。"智性"意味着领悟力。你将头脑的更深层面称为心，但是在瑜伽里，这种更深层面的情感叫作"末那识"。我的感觉仍然是头脑，我的想法也是头脑，两者紧密相关。

不要在你的内在建立起两极，想法和感觉是一样的，一个是干巴的，一个是多汁的，两者都去享受吧，不要分开它们。

陶醉

"瑜伽修行者并不反对快乐，他们不满足于小小的快乐，仅此而已。"

他们说，湿婆或阿迪瑜吉一直饮月露。他只是饮用他头发上一直带着的月光，所以从来都是醉着的状态。

瑜伽修行者并不反对快乐，他们不满足于小小的快乐，仅此而已。他们知道如果你喝一杯酒，它只会让你有点飘飘然，但是第二天早晨它会让你头疼。瑜伽修行者们不愿意满足于此。要享受陶醉你必须得有警觉，不是吗？在任何时候都是完全的醉但又完全的警觉，只有这时你才可以享受。瑜伽科学将这种快乐给予你。最终的目标不只是陶醉，这种极乐的状态消除了对受苦的恐惧。

只有当"什么会发生在我身上？"这种念头完全地从你头脑中消除，你才敢去探索生命，否则你只会想去保护它。一旦你的生命中没有了对受苦的恐惧，你才会毫不犹豫地投入到任何情况中。如果他们让你去地狱，你也会去，因为你不害怕受苦。

当所有的人都在说要去天堂，乔达摩说："你说天堂中一切都好，那我去那里做什么？让我去地狱做点事吧，反正我不会觉得受苦。"

只要一直还存在对受苦的恐惧，你就不敢探索生命的更深维度。只有这个身体需要被保护，你其他的一切都无须保护。如果你愿意，你现在就可以放下你所执着的想法、人生观和信仰，在下一个瞬间，重新创造你整个生命。

爱的咒语

没有有条件的爱、无条件的爱这回事：条件是一回事，爱是另一回事。

爱是怎么回事？人与人之间有没有无条件的爱这回事？这些是人们常问的问题。

一般而言，我们建立起的关系都是让我们舒适或有利可图的，人有身体需求、心理需求、情感需求、经济需求或者社会需求需要得到满足。而满足这些需求的最佳方式就是告诉他人"我爱你"。这种所谓的"爱"像咒语（芝麻开门）一样。你说这句话可以得到你所想要的。

有一天，山卡兰·皮莱去了公园。公园的一张石椅上坐着一位美女。他走上前去，也坐到那张椅子上。几分钟后他向那个美女靠近了一点，她移开了一点，等了几分钟，他再次向美女靠近过去，她移开了。过了一会儿，他又靠近了，这时候她移到了椅子的边缘。他伸手搭住她，她推开了。他坐了一会儿，然后双膝跪地，摘了朵花送给她，说："我爱你，我从来没有像爱你这样爱过任何人。"

她被打动了，感性战胜了一切，他们在一起了。到了天黑的时候，山卡兰·皮莱站起身来说："8点了，我得走了，我妻子要等我了。"

她说："什么？你要走？刚才你说爱我！"

"是的，但是到时间了，我得走了。"

我们的每个行动，从某种程度上，无非是为了满足我们的某些需求。如果你看到这一点，就有可能将爱发展成自然品质。但是你也可以继续欺骗自己，相信你为了方便、舒适、安乐而建立的关系其实是爱的关系。我并不是说在那些关系中根本没有爱的体验，但它是有某种局限的。不管说多少次"我爱你"，只要有几个期望和要求没有得到满足，关系就破裂了。爱是一种品质，与任何人都无关。

没有有条件的爱、无条件的爱这回事：条件是一回事，爱是另一回事。爱一定是无条件的，一旦有了条件，就是交易而已。可能是一个提供方便的交易，可能是一个好的安排——或许你们许多人都对生活做过非常好的安排——但是那不会满足你，不会将你带到另一个维度，它带给你的只不过是方便。当你说"爱"，它未必是提供方便的，大多数时候不会，它需要的是生命的投入。

爱不是一件容易做的事，因为它会耗尽你。如果你要去爱，你就不应当存在。英语表达中"坠入爱里"是非常重要的。你不是爬进爱里，不是走进爱里，不是站在爱里，你是坠入爱里。作为一个人你必须愿意坠进去，然后爱才会发生。如果在这个过程中你的个性依然很强，那就只是一个提供方便的情况，不过如此。我们需要认识什么是交易、什么是真正的爱。爱不需要与任何特定的人发生，你可以有一个美好的爱，但它并不存在于你与任何人之间，而是你与生活之间。

你做什么、不做什么取决于你周围的环境。我们的行动是依据外部情况的需求。你外在做什么总是取决于各种情况，但爱是一个内在的状态——你内在如何肯定是无条件的。

小贴士

爱从来不是两个人之间的事，它是在你内在发生的，你内在所发生的无须被其他人所束缚。每天花15~20分钟的时间，去和某个对你没有意义的东西坐一起，可以是一棵树、一块石头、一条蠕虫或一只昆虫。过了一段时间，你会发现你看着它所带着的爱可以和你看着你妻子、丈夫、妈妈或孩子所带着的爱一样多。可能那条虫不知道，那没有关系。如果你可以带着爱意看待一切，整个世界在你的体验里都会美丽起来。你会认识到爱不是你要做什么，爱是你的存在方式。

奉爱：一个生命维度的转变

在奉爱中没有一丝理智，也无法从中恢复
过来。

你在生命中所能做的最慷慨的事就是活出极致，给世界树
立一个超越所有局限性的榜样。将生活留到明天不是慷慨，只
意味着你很吝啬，不能彻底地爱、彻底地笑、彻底地快乐，你
是个彻头彻尾的吝啬鬼！

全心投入的奉爱意味着你不是吝啬鬼——你充满了活力！
你的一切都一直在向外流淌，一个奉爱的人会尽可能地更快、
更充分地去使用他的生命，而不是像有些人那样试图将生命保

留起来，不像某些人那样计划明天的生活。奉爱的人完全地活在当下。

奉爱不是恋爱，它是件疯狂的事情，爱本身是件疯狂的事，但是有些许理智，你可以从中恢复过来，而在奉爱中是没有一丝理智的，也无法从中恢复过来。

奉爱者对生活有最甜蜜的体验，大家可能都认为他是傻子，但是他在地球上最享受，你看看谁是傻子吧。

我说的"奉爱"，并不是指信仰。信仰就像道德，相信一些谬论的人自以为比其他人优越。当你相信什么的时候，你的愚蠢得到信心了。信心和愚蠢是个危险的组合，但是你通常发现它们是在一起的。如果你开始去看你周围所有的维度，你就会清楚地了解你所知道的是如此微不足道，根本没有信心可言。信仰会带走这个问题，它给予你巨大的信心，但是不医治你的愚蠢。

全心投入的奉爱不是一种行为，它不针对某个事物，它的对象不重要。只是通过奉爱，你消融了自己的全部抵抗，使得神性可以像呼吸那样发生。神性不是某个高高在上的实体，它是你生命中每时每刻存在的那股活生生的力量。

这是一个天主教家庭，他们正要吃晚餐，男主人走到餐桌旁，看了看食物，像往常一样嘴里嘟嘟囔囔，诅咒他的老婆和周围的一切。诅咒完了后，每个人都就座了，他坐下来开始祈祷："亲爱的上帝，感恩每天的面包和桌子上一切美好的东西。"

一个5岁的小女孩温顺地坐在那里，你知道，5岁的男孩女孩总是需要多一个枕头或坐垫垫在座位上，但是他们还是永远够不到桌子上的盘子。这个小女孩很费力地向上够，桌子才到她的脖子那里。她说："爸爸，上帝总能听到我们的祈祷吗？"

他内在的信徒立刻活跃起来，说，"是的，当然。我们发出的每个祈祷，他都能听到。"

于是这个小女孩稍稍低下头，因为她陷入思考中，这时候桌子比她的头还高。过了会儿，她又抬起头来问："但是爸爸，他能听到我们所说的其他一切吗？"

"是的，在我们生命的每个时刻，上帝都在倾听着、看着我们所做的和所说的一切。"

于是她又低下头去，一会儿她再次抬起头来问："爸爸，那么他信哪一个呢？"

"告诉我，上帝会相信哪一个——你的祈祷还是你的诅咒？"他完全困惑了！他已经放弃了。因为我们将生活中最有爱意、最柔软的部分程式化了，于是一切都失去了活力，变得死气沉沉。人们嘴巴里说着那些话，心里却不是那么认为的。如果我们所说的不是像火一样在内在燃烧着，那就等于撒谎，最好闭嘴不说。

我们总是想要做有人在 1000 年前就做过的事情。是的，还有人两千年前就做了，对他起作用了——因为他心里的那团火，起作用是因为真理在他的内在燃烧，而不是因为他说的什么话。

全然投入不是一件酷的事情，它是火热的，因为真理是燃烧的。

裸体的奉爱者

"奉爱者不属于这个世界，他们只有一只脚在这个世界上。"

在六百多年前的印度南部，住着一位女神秘学家，名字叫作阿卡·摩诃德维。阿卡是湿婆的虔信者，早在孩提时代，她就将湿婆看作是自己的丈夫。对她而言这不是信仰，而是现实。

有一天，国王看见了这个非常美丽的女子，说："我要这个女孩。"她拒绝了，但是国王威胁她如果她不嫁给自己，就会杀死她的父母。

于是她嫁给了这个男人，但是一直和他保持身体的距离。他向她求爱，但是阿卡总是说："湿婆是我的丈夫。"随着时间的流逝，国王慢慢没有了耐心，他急了，想把手放在她身上，她依旧表示拒绝："我有另一位丈夫，我不能和你在一起。"她声称自己有另一个丈夫，因此被起诉。

当她被带到法院时，阿卡说："成为皇后对我而言没有任何意义，我要离开。"

国王看着她步履轻松地离开，说道："你戴的珠宝、穿的衣服都是我的，把全部东西都留下来，然后再走。"

于是，在满满一屋子人的法院里，阿卡脱下了所有的衣服，放下所有东西，光着身体走了。从那天开始，尽管有很多人劝她，她都拒绝再穿衣服，这给她带来了麻烦。在那个时代，一个女人光着身体走在印度的街上是一件难以置信的事，而且还是个年轻美丽的女人。她年纪轻轻就死了，在她短暂的一生中，写了一些非常优美的诗歌。

她投入到如此的程度，每一天她都恳求："湿婆，不要让我有食物。让我的身体也表达我要成为你的一部分所体验的渴望和痛苦。如果我吃东西，我的身体得到满足，我的身体就不会了解我的感受，因此不要让我有食物。即使食物到了我的手里，在我送进嘴里前，让它掉入泥土中。如果它落入泥土中，在我这个傻子把它捡起来之前，让狗过来把它叼走。"这是她每天的祈祷。

这种奉爱者不属于这个世界。他们只有一只脚在这个世界上。他们的一生是充满力量和伟大的一生，他们的形象给人类永久的激励。

头脑和心的结合

> 如果你想见到湿婆，你可以学习按照他的方式
> 去见他或是让自己消融……奉爱指的是让自己成为
> 零，智慧指的是按照他的方式。

奉爱或奉献，指的是对看到的、看不到的一切都怀有爱，意味着放下爱憎的二元性，"好"和"不好"不复存在，一切都是好的。当有人说"一切都是神的显现"，在过去，这句话的意思只是他们完全放下了喜好和厌恶的二元对立。

一旦你做出选择，就有了区分。奉爱意味着完全没有了选择。当做到彻底地无选择，只是"存在"，当一切在你之中或

你在一切之中，那就是奉爱。这就是真理存在的方式——完全包容。

在瑜伽文化中，我们关注湿婆的两个层面。第一个层面，湿婆这个词的字面意思是"空"。一切"有"来自于"空"。如果你抬头看天空，你会看到许多天体、星星和星系，但是最广袤无垠的是虚空。这个虚空就被称为湿婆，正是因为这个原因，他被看作是创造的根本。此刻，一切创造都在这个"空"中发生着。

湿婆的另一个层面是阿迪瑜吉，第一位瑜伽士。瑜伽文化从湿婆是一切的根本过渡到湿婆是第一位瑜伽士，这种过渡浑然天成。由于这是一个辩证的文化，我们在终极本质和体验到终极本质的人之间不作区分。

因此，如果你想见到湿婆，你可以学习按照他的方式去见他或是让自己消融。如果你要和一位国王在一起，或者你也成为一位国王，或者你必须成为最谦卑的仆人。这是两种方式。智慧和奉爱的意思是：奉爱指的是你让自己成为零；智慧是你按照他的方式去见他。否则，就见不到。

走在智慧瑜伽道路上的人是直行的，而走在奉爱瑜伽路上的人是醉汉。从古时候开始，奉爱瑜伽就一直是最重要的道途，因为它看起来很容易实现。是的，这是条最快的路，但是途中有很多的陷阱，很多的圈套。

智慧瑜伽的路更难走，但它是一条你可以"睁着眼"走的路，而奉爱瑜伽是一条"闭着眼"走的路。修习智慧瑜伽，你清楚你所踏出的每一步，无论是前进还是后退，你都知道你在朝哪个方向走，了解自己在哪里跌倒了、现在在什么位置。而在奉爱瑜伽的路上，即使你掉入陷阱，你也不知道。即使你陷入自己的幻觉中，你也不知道。

情感可以非常强烈。通常对于大多数人而言，情感总是比念头更强烈。正是基于这个原因，奉爱被美化，成为人们最常谈论的修持道路。因为大多数人都有强烈的情感，超过了他们的思想和工作中所能达到的强烈程度。

但是情感有它的局限性。没有智慧，没有正见，没有打开智慧的底盘，而只是走在这条情感的道途上，会有引起幻觉的效果。可能会很美、让人高兴、心醉神迷，但是会发生某种停滞。

另一方面来说，没有奉爱，没有感觉或情感，瑜伽修持会变得沉闷、枯燥、无趣。没有奉爱的感觉，你的智慧瑜伽常常会钻牛角尖。

许多人认为逻辑不讲奉献，从本质上来讲，逻辑是一个用来切削的工具。如果你想要看什么，你可以用你的逻辑将它切开。如果你的逻辑像把大砍刀，你切什么都会将其分成两半。但是如果你使用的逻辑之刀极细极锋利，你可以把东西全部切开，但它们仍能在一起，还是一体。

关于剑法的故事总是说一位精湛的剑客如何用剑砍树，树都应该感觉不到被砍，仍然仿佛是一个整体那样矗立着。如果你的逻辑如此精密，那么，你会看到奉爱和你头脑的逻辑部分是完美契合的。真正的智慧和真正的奉爱是没有差别的。

小贴士

一名奉爱者了解你甚至无法想象的事，他能掌握你很难掌握的东西，因为他的内在没有太多他自己。当你的内在充满自我，就没有空间让更高层面的事情发生。

你可以做某些事情让你达到奉献的程度，但你无法练习修持奉献爱。有件简单事情你可以做：就是将这个存在中的一切看作比自己更高。星星肯定是比你高，但是尝试着将路边的小石子看作比你高。（无论如何，它比你更永恒、更稳定，它能永远安静地待在那！）如果你能学会将周围的一切都看作比你自己更高，你就会很自然地做到虔诚。

拥抱神秘

> 如果你的智力充分进化，达到成熟，你分析得
> 越多，就越意识到你远离了任何结论。

只有十几岁的智力水平才会分析事物、得出结论。如果你的智力充分进化，达到成熟，你分析得越多，就越能意识到你远离了任何结论。

如今，科学家已经将水分解到有哪些组成部分。如果你问："水是什么？"他们回答："氢和氧。"但是为什么氢和氧变成了水？为什么它是这样呢？拿起一块石头看看，为什么它是这样子？

或者你对其他东西没有兴趣，那只要看看你自己。你是怎么变成这样的？"因为有我爸爸、妈妈，所以有了我。"但是为什么是这个样子的呢？这一切的基础是什么？如果你探究任何一个方面、真正去研究它，越来越深地去看它，你就越来越远离结论。生命变得比以往任何时候都神秘。如果你只是坐在这里呼吸，就比任何深度分析都更了解生命。

你越深入地探究生命，就会发现这是永无止境、深不可测的。你无法了解它，因为你就是它。当你从体验上认识到每一个原子、每一粒沙、每一块石头，从最小到最大的每个生命，都是深不可测的，你自然会带着最大的虔诚向万物鞠躬。

印度的传统是，你要向所看见的一切鞠躬。无论是看到一棵树、一头牛、一条蛇，还是一场雨、一朵云，都要鞠躬。你这样做或者因为你是个傻子，或者是你看到了生命最深的层面、了解了其中最深的奥妙。一个傻子和一位开悟者之间的区别是很细微的，根本上是同一回事，看上去却是天壤之别。傻子只是享受他所知道的那一点点东西，而看到生命最深层面的人是绝对享受的状态。介乎于这两种之间的人则一直挣扎受苦。

一天早晨，一个男人走进办公室，对他的老板说："老板，我想让您知道，有三家大公司在追着我，您必须给我加工资。"

老板说："什么！是哪几家公司？谁想要你？"

他回答说："电力公司、电话公司和燃气公司。"

那些在中间的聪明人——他们总有事情追着或者总是忙于追着什么，永无止境地继续着。一个傻子能安静地坐这里，一位神秘学家也能安静地坐这里，但那个聪明人不能。

作为一名奉爱者并不意味着你是软弱的。知道如何弯下去就不会被折断。这也就是为什么你早上做瑜伽，你的身体就不会折断！你内在的一切也是如此。

如果你学会鞠躬，把一切都看得比自己更高，这似乎对你的自尊不是件好事情。不幸的是，这年月，甚至那些所谓的灵性领袖都在谈论自尊。"自我"和"尊严"都是问题，都是非常局限、脆弱的，从来都不牢靠。如果你没有尊严，很好。如果你没有自我，太棒了！就根本没有问题了。

如果你能够像创造的本源那样存在着，为何你却选择只是作为一个小小的创造物那样生活呢？

小贴士

如果你体验到比你大得多的东西，你会自然地向其鞠躬。如果你想成为一位真正的奉爱者，在生命中所有清醒的时候，至少一个小时内要向某个东西鞠躬一次，无论向谁或什么鞠躬，不要选择。你看到一个人，鞠躬；看到一棵树、一座山、一条狗、一只猫等任何东西，都鞠躬。看看能不能一分钟鞠躬一次。如果做到这一点，你可以不用你的手或身体来鞠躬，只是在你的内在鞠躬。一旦这成为你存在的方式，你就是真正的奉爱者。

第三部分

能量

现在，瑜伽

你的生命能量总是想要扩展，达到无限，它们
不知道任何其他的目标。

几乎每个人都处于不足的状态。无论是谁，无论已经取得
了多少成就，你仍然想比现在更多一点。

这是一种渴望，你不是渴望任何具体的东西，而是渴望扩
展。多大的扩展都不能让它满足，它总是渴求着无限。当这种
渴望被无意识地表达出来，我们将其称作贪婪、征服、野心。
当它找到一个有意识的表达方式，我们将其称作瑜伽。

正因为如此，帕坦加利用一种奇怪的方式开始它的《瑜伽

经》。《瑜伽经》第一章的开头是这样一行字："……现在，瑜伽。"半句话。如此伟大的关于生命的著作是以半句话开始的。

假如你仍然认为如果找到一个新的女朋友或涨了工资、买了一座新房子或一辆新车，那生活中一切就都没问题了，那你的瑜伽时间还未到。一旦你看清所有事情，知道这不够——现在，瑜伽。

瑜伽的意思是你已经超越了自己智力的分别本质，体验了存在的合一性。如果你突然进入一种超越身体局限性的体验，那么什么是你、什么不是你都不再被区分。现在，你认同许多事情，但是你所称作"我自己"的是一定量的能量。正如我们前面所说的，如今现代科学已经毫无疑问地证明整个存在都是同一个能量，以不同的方式显现。当爱因斯坦说 E=mc2，他就是告诉你一切都是同一个能量。各种宗教一直宣称上帝无处不在。无论是说"一切都是同一个能量"还是"上帝无处不在"，都是一样的，不是吗？因此，瑜伽的根本目的是帮助你超越身体所建立的界限。一旦你打破身体的局限，体验到和周围一切的融合，一切都是你，那么你存在的根本方式就会不同。

灵性修持是要和生命建立完美的一致性，这不是某个人的想法或哲学，而是为了契合每个生命想要无限扩展的本能渴望，并给予它有意识的表达。灵性修持在你的身体、头脑和能量层面帮助这种渴望被得以实现。

你的生命能量总是想扩展，达到无限，它不知道任何其他的目标。你的头脑可能想着金钱，你的身体可能渴望食物，但是你的生命能量总是想要打破你的物理形态所设定的界限，达到无穷大、无限。有很多种方法来了解我们的生命能量想去哪里，并且有意识地朝那个方向前进。

在生命的过程中，出于一些原因，比如你的自我或不幸的遭遇，你会慢慢地停止向生命能量前行的方向迈进，于是你开始觉得你是一个独立的实体。

如果你跟随着你的身体，你应该知道它会直接前往坟墓。你所认为的头脑是复杂的一团糟，什么东西都往里装。头脑所设定的目标完全是自我创造出来的。可能它现在看起来没问题，但是它往往带着你完全偏离了生命进程。

因此，瑜伽指的是让你清晰地体验思维过程和身体过程，不将它们当作你存在的基础，而是当作你所创造的东西去体验。如果你能有意识地管理身体和头脑这两个工具，那么你对生命的体验就百分百是你自己的创造。你将其称作"头脑"和"身体"的东西是外在给你的,你所要做的就是在你和你从外在所积累的一切之间建立起距离。

有一次发生这样的事。山卡兰·皮莱坐火车去马达纳帕尔莱(Madanapalli)这个地方。他上火车的时候,头上顶着一个很大的包袱。上了火车,他找到一个座位坐了下来,头上仍然顶着那个包袱。周围的人看着他,他们等了一会儿,希望他能够把包袱放下来,但他没有。

于是有个人就问他了:"你为什么把包袱放头上?为什么不放下来呢?"

他说:"不不不,没事。"

他们又等了一段时间,等得他们的脖子都酸了。看着这个人坐在火车上,头上还顶着一个巨大的包袱,让他们无法忍受。他们说:"如果你的包袱里有很珍贵的东西,你可以放下来坐在上面,这样更安全。"

他说:"没有,没有什么珍贵的东西,只是衣服。"

"那你为什么用头顶着?"

"我不想给火车增添负担。"

你这辈子收集的所有垃圾都带着，你没法去掉它，但至少你可以将它放下来。你唯一的选择就是与它建立起一段距离。使用它，但不认同。如果你不能保持距离，你对生活的整个视角都会被遮蔽。只有当心理活动和存在本身被区分开来，才能去体味生活、接受生活、超越生活。所有的念头、情感、想法和想象都属于心理活动的范畴。

灵性修持是对生命的回归。只有你前往生命能量想去的方向，你才能处于平静和谐中，只有在这样稳定的状态你才敢于探索最高层面的丰盛与生命最深的奥秘。

制造商 VS 维修工

"大多数人去找当地维修工只是因为他们与制造商失去联系了。"

如果你的身体有问题，你需要了解的一件事情是制造你身体的材料和方法是什么。当你认识创造的本源或这个身体的制造商，如果你需要进行维修，你会去找制造商还是当地维修工？大多数人去找当地维修工只是因为他们与制造商失去联系了。

我20岁左右的时候，有一天打曲棍球，把脚踝折断了。那个地方肿了起来，我一拐一拐地走到场地的另一边坐下来，感觉非常疼。其他男孩子们继续打球，扬起很多尘土。又是灰尘又是疼痛，我感到窒息，开始大口喘气。突然一个念头升起来，"如果创造的本源就在我的内在，为什么我不能解决这个呼吸困难，为什么我不能治好这个骨折？"

我在那儿坐了大约一个小时十五分钟，眼睛闭着，当我睁开眼睛的时候，我的呼吸完全没问题了，直到今天也没有再出问题。最重要的是，我腿上消肿了，疼痛一点都没有了。我开始以为是因为坐在那儿没动，身体慢慢麻木了。我用双手拿起腿轻轻地摇动，很惊讶地发现一点也不疼了。我靠着我的曲棍，非常缓慢地站了起来，试探性地将身体的重量放到那只受伤的脚上。当我完全站起来，我的脚踝撑起身体，没有疼痛的感觉。这简直难以置信，由于之前的那种剧烈疼痛、那么快就肿了起来，我清楚地知道是发生骨折了（在此之前，我经常到处乱闯，尝够了骨折的滋味），我那受逻辑训练影响很深的头脑开始斗争起来，对于任何高深莫测的事情它都这样斗争。我的头脑总是将没法用逻辑解释的事情看作是对其本身的一种侮辱。看我的脚踝是否真好了的最终测试是用脚踹来发动我那辆捷克斯洛伐克产的摩托车，这种车不像如今的多气缸自发动机器，它有自己的主意。如果你踹它，它会踹回来！不过我的脚踝通过了这项测试。

我回到家，对这件事感到难以置信、惊奇不已。我问我当医生的父亲，断了的骨头有没有任何可能在一个小时痊愈。他说这问题是废话。但是过了一会儿，他又过来了，可能感觉自己刚说过的话有点傻。他说在他行医的早年，亲眼看到一个没有任何正式教育背景的村民，展示了如何在几个小时内治好一名患者摔断的肩胛骨，用的是他随身带的各种叶子的混合物和一些难以理解的咒语。这和我父亲所接受的医学教育大相径庭。

有了这次经历，我开始认真地对自己进行实验，很难清楚地描述我那个阶段的生活。时间一天天过去，我总是得重新调整我对逻辑的认识。我一直为自己有一个条理清楚、逻辑能力强的头脑感到自豪，但是经过所有这些实验，它完全失去了秩序和条理，而慢慢地成为一个"有机体"，吸纳一切。我们在 Isha 开办的内在工程课程只不过是一次折断脚踝的副产品。

决定你的命运

如果你掌握了自己的生命能量，你的生命和命运将被掌握在你自己手里。

地球上所有的生物都要去适应他们生存的环境，人类却能够根据自己的要求改造环境。如今，世界上大多数人都由其所生存的环境塑造，因为他们只知道根据外在情形做出反应。可以想见，他们的问题会是："为什么我被放到这样的环境？是我运气不好？这是我的命运吗？"

每当事情没有按照我们所希望的样子发生时，我们就有可能将其贴上"命运"的标签。对于当前的状况，你试图安慰、说服自己。这是一种对待失败、疾病或其他不幸的方式，甚至当我们能力无法企及却获得成功的时候，我们也将其当作命运。所有我们无法用逻辑去理解的事情，我们都方便地将其称之为"命运"。

人们一直问我："萨古鲁，我能多大程度控制我的命运？"你的命运是你自己创造的，你现在就在无意识地创造着命运。你内在产生的每一个念头、情感、冲动和反应都创造着你的命运。你内在的生命不会忽视任何东西，它认真地对待你所做的一切。

生命并不是选择性地记录，而是记录清醒时和熟睡时的一切。因为一切都被记录，你内在这海量的信息，在没有任何方向或意识的情况下，创造着许多的混乱，于是，生活中许多无法解释的情况和后果被当作命运。

因此，如果问题是"什么会发生在我身上？"答案就是，你创造什么，什么就会发生在你身上。但是不要等着它在你身上发生。让它按你想要的方式发生。内在工程（一项实现自我赋能、自我成长的 Isha 基础课程）是一套比你的肉身、智力和情感更精微的工具，用来根据你想要的方式创造你的内在世界和外在世界。

100年前人们认为是命运的很多事情，如今却被掌握在人们自己手中。我们已经管控了许多一个世纪以前人们所遭受的灾难性命运，如各种疾病、传染病、流行病和饥荒，当时许多受其影响的人确信这是命运。但我们是不是已经掌控了很多看起来难以避免的灾难呢？如今，我们所说的"技术"只不过是：在自然法则的范围内，我们掌控外在可以被掌控的一切。

有一次，我参加一场国际会议，主题是关于如何消除世界上的贫困。很多"负责任的"人物与会，包括几位诺贝尔奖获得者。其中，一位参会者说到："为什么我们要努力解决这些问题，难道这一切不是天意吗？"

我说："是的，如果其他的人饿得奄奄一息，那肯定是神的安排。但是如果你的胃挨饿，或者你的孩子奄奄一息，你会有自己的安排，不是吗？"

每当我们要做的事情关乎我们自己的生活，我们就将其掌握在自己手中。每当我们不能将什么事掌握在自己手里，我们就说是天意或命运。瑜伽是一门将生死掌握在自己手里的科学。现在你在生活中无意识地做决定，这就是业力的意思：你在完全的混乱、完全的无意识中创造着自己的命运。任何你无意识状态下做的事情，一旦你开始带着意识去做，就会完全不同。这是无明和开悟之间的区别。

将命运掌握在自己手里的意思并不是一切都按照你想的样子来发生，外在的世界永远不会百分百按照你希望的来发生，因为其中涉及太多的其他变数。想让外在世界按你想的样子发生是征服、暴政、专政。创造命运不是你要去控制这个世界上的各种情况，它的意思不过是无论你周围发生了什么，你都可以应对，而不会被任何情况击垮。从本质上来说，这意味着稳妥地一步步实现你的终极本质，无论你周围的情况如何。

"那星星、行星呢？难道它们不决定我们的命运吗？"如果我们的命运取决于行星、星星，那你甚至不能自杀！你既不能按你想要的方式活着，也不能按自己的意愿去死。（确实没有人有权利自杀，不是因为道德，而是你没有权利毁灭掉你所不能重新创造的东西。）你不能决定你生活中的任何事，无论积极的还是消极的，因为你什么事情都需要看占星图——那这一定是恐怖图！

是无生命的东西决定人的生命进程和命运，还是应该反过来？如果你自己是稳固的，无论行星们怎样运转，你都前往你要去的方向。如果人们少关注一些其他的行星，多关注一下这一个——地球母亲的情况，至少我们能生活得更好一点！

因此，你们称之为"命运"的不过是你在无意识中为自己创造的。业力是过程，命运是结果。"业力"字面的意思是"行动／活动"。各种行动／活动：身体的行动、头脑／情感的活动和能量的活动。这些行动／活动的外在表现就是业力。瑜伽最关键的方面是能量层面的活动，因为能量是业力中最无意识的部分。超越身体、头脑／情感和能量，如果行动／活动转向内在，就是克里亚。业力是约束你的过程，而克里亚是让你解脱的过程。

身体、智力或情感的一切经历，所产生的印象都会跟随着你。当你收集了大量的印象，它们会慢慢地形成你的倾向，你就会变得像一个自动化的玩具。传统上这些倾向被称作习气，这个词字面的意思是"气味"。垃圾桶里装了什么垃圾，就散发出那种气味。你发出什么气味，就会吸引到什么样的情况在你的生活里发生。

假如今天垃圾桶里有条腐烂的鱼，可能你闻起来臭，但是很多其他的生物会受其吸引。明天如果垃圾桶里放的是花，气味不同，就会吸引另外一些生物。

1987 年，我刚来到哥印拜陀的时候，住在当地一位喜欢社交的医生家里，他告诉我一件发生在他家里的事。他们是喀拉拉邦人，他的大女儿很喜欢吃鱼，当时在德拉敦上学，那里吃不到鱼，所以每次放假在家，她每天都要吃鱼。他的妻子吃素，尽管自己不吃也会为女儿做鱼。

有一种小干鱼，如果你们来自那个地方可能知道那种鱼，味道很惊人。如果有人用卡车运这种鱼，喜欢的可能想开车追两公里多去闻那味道，不喜欢的可能会掩鼻而走。家里做这种鱼，往往是将你的邻居们赶出家门的好办法！这个女孩就想吃这种鱼。

当他家煎鱼的时候，就像房子里在掘墓一样——这种味道简直能把死人熏起来。妈妈去厨房告诉厨师怎么做，但是当那个味道散发出来的时候，她无法忍受地冲出厨房。而在此时，女儿在卧室，一闻到这个味道就跑向厨房。她俩撞在了一起，妈妈的鼻骨被撞断了！

我说这个是因为这些习气或者倾向是由你身体行动、头脑

和情感活动所累积的大量印象所产生的，你的性格不过是这些
倾向的表现之一。

　　如果你以某种方式做事情，有人问你为何不能以其他方式
来做，你声明："我本来就这样的，难道我不能想怎么做就怎
么做吗？"你不是本来就这样的，这也不是你想做的。这些倾
向已经成为你无法控制的行为，这是你的束缚，是你无意识给
自己写的一种软件。一旦你的软件确定，看起来你生活中只能
走一条路，看起来它就是命运。灵性修持就是让我们下定决心
有意识地重写我们的软件。

　　软件本身不是问题，但是如果它成为主导，就是一个问题
了。只有你不受控于它，它才可以为你所用。一旦你用你的生
命能量采取行动，而不是用你的身体、智力或情感来行动，你
内在、外在就上升到一个自由的新层面。我看到过很多开始做
克里亚的人，他们突然间就变得如此有创造力，开始做他们原
来根本无法想象的事情。这不过是因为他们稍稍松动了自己的
业力基础；他们重组了自己的生命能量，而不是只用自己的身
体、智力或情感来做事情。每一个人都可以学习这样做。

小贴士

　　生命按照一定的法则自然地运行。如果你了解你内在的生命本质，了解这个法则，就可以完全控制生命发生的方式。现在，你无意识地写入自己的命运。如果你掌控了自己的肉身，你人生和命运的15%～20% 会在你自己的手里。如果你掌控了自己的头脑，生命和命运的 50%～60% 会在你自己的手里。如果你掌控了自己的生命能量，你将会百分百地掌握自己的生命和命运。

身体的蓝图

你可以按你喜欢的方式玩转人生，但生命不会
在你身上留痕。每个人都能这样生活。

有医学生理学，也有一整套的瑜伽生理学。在瑜伽中，我
们将身体看成五个鞘或五层。

身体的第一层：肉体。你现在所说的"身体"只是一堆食
物的积累。

第二层是心智体。今天医生们告诉你，你是"身心一体"，
意思是发生在头脑中的任何事情都发生在身体上，这是因为你
说的"头脑"不只在任何一个特定的地方；每一个细胞都有自

己的智能，因此有一个完整的心智体。心智体中发生的一切，都会发生在肉身上，反过来发生在肉身上的，也都会发生在心智体上。头脑层面的任何波动都会带来一个化学反应，每一个化学反应反过来都会带来头脑层面的波动。因此，身心疾病广泛地显现出来。

肉身和心智体就像你的硬件和软件。如果不接入电源，硬件和软件都不能工作，对吧？因此第三层身体是能量体。如果你的能量体处于完美的平衡，完全被激活，无论在肉身上还是在心智体上都不会有疾病这回事。

我说的"疾病"，仅仅是慢性病，不是传染病。传染病的发生是源于外部的有机体，但是人类每天都在制造他们自己的疾病。一旦你的能量体充满活力，处于适当的平衡中，疾病就无法存在于肉身上。无论疾病是发生在哪儿，它表现出来，都是因为出于某种原因，能量没有按照其应该的方式运作。

我可以举出几千个人的例子，他们只是做了一些简单的瑜伽练习，就消除了身体上的疾病，甚至是心理疾病。这些练习本身并不是旨在消除疾病，其目的只是给你的能量体引入适当的活力和平衡。如果你适当地对待能量体，身体的健康是自然而然的事。随着能量体越来越精微、越来越能被触碰到，其他维度也会向你开放。有一些瑜伽方法可以用来锻炼你的能量体。

这三个层面的身体——食物体、心智体、能量体——都是物理性的存在。拿灯泡为例，它是物理存在的。电也是物理存在的，但是更精微，你看不见电，但如果你将手指插入插座，你会感觉到它！灯泡放射出来的光也是物理存在的，但还要更精微。灯泡、电、光，这三个都是物理存在的。其中一个你可以拿在手里，另一个你能感觉到。当然，第三个需要更加敏感的感觉器官，如眼睛，才能去感知。你能体验到所有这些是因为你有知觉去体验。但是没有其他的知觉去体验超越物理层面的存在。

第四层是以太体，它是一个过渡的状态，既不属于物质层面也不属于非物质层面，而是这两者之间的连接。它不在你目前的体验层面，因为你的体验只局限于五个感官。

第五层是喜悦层，它是超越物理层面的。"阿南达"的意思是"极乐"，与生命的物质范畴无关。超越物质的层面无法被描述和定义，因此我们从体验的角度来谈论它。当我们接触到超越物理的层面——超越物理的层面是本我的一切源头——

我们就达到极乐。根据我们的体验，我们将其称作极乐体，并不是有一个极乐的泡泡在你体内，只不过是当你触摸到无法被描述或定义的非物质维度，你会产生出一种巨大的极乐感，因此我们将其称作极乐体。

这就是五层身体。如果肉体、心智体和能量体达到完美的一致，你就会接触到极乐体。这个最内在的非物质本质通过渗透三个表层得以体现。

对于外部的情况，我们每个人的能力不尽相同。一个人可以做到的事情，另一个人可能无法完成。但是对于内在状况，大家的能力都一样。每个人都有能力在极乐中体验生命。你是否能够唱歌、跳舞、攀登或挣钱并不是确定的，但如果你乐意，你就一定可以让你的生命充满极乐、和谐的体验。你的生命之旅会变得无比轻松自如，毫无压力、毫不费力地充分实现潜能。你可以按照你喜欢的方式玩转人生，但生命不会在你身上留痕。

神秘的圣人

"投山仙人除了使用身体、呼吸和能量以外不使用其他任何东西作为工具，他只使用这个生命，这是独一无二的。"

在瑜伽的传统中，湿婆并没有被看作是上帝，而是第一位瑜伽士，阿迪瑜吉。几千年后，阿迪瑜吉所创建的知识仍然是地球上一切被称作灵性修行的源头。他将自己对人的了解传给了七位著名的圣徒，他们是他的直接传人，在印度通常被称作七仙人，他让这七位弟子去了世界上不同的地方。

投山仙人，常常被认为是他们中的大弟子，踏遍了印度次大陆，这个国家几乎每个地方都流传着关于他的传说。如果你了解他所做的工作量，考虑到他是靠步行去各个地方的，那他肯定是活了很多年。他们说他花了 4000 年的时间完成了所有的工作，我们不知道是 4000 年还是 400 年，但是他肯定是活了很多年。

他在这个国家创建了几百个修行中心，目的是让灵性成为人们日常生活的一部分，他所运用的能量和智慧是超乎常人的。他们说他不会漏掉这个次大陆上的任何一个人类聚居地，在这个国家的每户人家里，他们做着简化版的某种瑜伽，并不知道其来源，但从中你都能看到他工作的痕迹。如果你观察得仔细，从他们坐的方式、吃饭的方式，任何按照传统方式来做的事情，其中都留下了他的印迹。

投山仙人被认为是南印度神秘主义的鼻祖。世界上有各种不同的神秘主义传承，但是南印度的神秘主义从本质上来讲是独树一帜的。来到这里的神秘学家们未曾受迫害，于是他们能够自由地探索和试验。不幸的是，世界其他地方的大多数神秘学家没有获得这种有利的环境。因此，南印度的神秘主义发展的复杂程度和深度是世界上其他任何地方的神秘主义都难以企及的。它独树一帜在于没有仪式，而使用人的自身系统来探索未知。

其他修行体系和投山仙人的修行体系的一个显著区别在于：其他修行体系使用各种物件和仪轨来提升灵性修行，

而投山仙人除了使用身体、呼吸和能量以外不用其他任何东西作为工具，他只使用这个生命，这是独一无二的。

投山仙人掌握了各种克里亚的方法，无论他去哪里，都会传授这种强大的瑜伽修行法。克里亚指的是一种内在行动，通过它你可以将这个生命完全拆解开来，再把它重新组装起来。如今人们无论属于哪种克里亚的传承，都承认投山仙人是其最终源头。

说到将灵性修行融入日常生活中，不是作为一种教义、哲学或练习，而是作为生命本身，只有少数几个瑜伽士能做到悄无声息地改变了局面。投山仙人穆尼是其中做得最有效的那一位。

克里亚：经典行动

如果你想要克里亚变得活生生，以一定的方式被铭记在你的系统里，那就需要一定程度的严格要求和全心投入。

从根本上来说，"克里亚"的意思是"内在行动"。内在行动的发生不涉及身体和头脑，因为身体和头脑对你仍然是外在的。当你有足够的掌控、能够用能量进行内在行动，这就是克里亚。

克里亚瑜伽是修行路上非常强大的一个途径，同时它又是非常严格的，对习练者的要求是惊人的。今天受过教育的人不习惯运用他们身体的全部功能，这样克里亚瑜伽对他们而言就会是残忍的，因为它要求严格、有一定的约束。大多数人的身体、智力或情感稳定性不再适合修行克里亚瑜伽，因为从孩提时期起，人们就享受了太多的舒适，不仅仅是身体上的舒适，坐在一个舒适的椅子上不会是障碍，但你总是在寻求舒适，这就是个巨大的障碍。如果你坐在一个舒适的地方，享受它吧，这没问题。但如果你一直在寻求舒适，那么这种头脑和情感的状态就不适合走克里亚的道路。那些一直谈论"自由"的人不能修行克里亚，一直问"难道我没有自由这样做？难道我没有自由那样做？我为什么不能吃这个？我为什么不能睡在那儿？"这样问题的人不适合修行克里亚。

如果你走上克里亚的道路，让你脚朝上、头朝下地睡觉，你就得规规矩矩照做，不提任何问题，因为这一切是永远无法解释的。你在前进的路上或许会明白，但这永远无法解释。如果一定要解释，克里亚的精华就丢失了。如果人们提出逻辑性的问题，很显然必须得有符合逻辑的正确答案，但是克里亚是一个超越逻辑的工具，它所触及的维度被认为是神秘的。

如果我们只想将克里亚作为一些练习方法传授给你，我可以写一本相关的书，你可以通过阅读来学习。但是如果你想要克里亚变得活生生，以一定的方式被铭记在你的系统里，那就需要一定程度的严格要求、全心投入、信任之心。当你走在一个完全陌生的地方，如果你对向导没有信任，那这个行程会变得漫长和艰难得超出想象。通常对于修行克里亚而言，大多数的古鲁都会让弟子等待。假如你来到古鲁面前，想要学习克里亚瑜伽，他可能会说："好的，去扫地吧。"

"不，我想学习克里亚瑜伽。"

"所以我说，去扫地吧。"

扫了一年的地之后，你告诉古鲁："我扫了一年的地了。"

"你扫了一年的地了？洗碗吧。"

古鲁会让他一等再等。如果他的信任还是没有动摇，那么古鲁可能给他启动克里亚。否则的话，如果你以特定的方式加持一个人，让他系统的振动超出正常的标准，这时候如果他的态度和情感不符合要求，就可能会给自己带来巨大的伤害。但是在如今的世界，让一个人付出那么多的时间，让他等待，达到那种信任，然后印上这些克里亚——不是不可能，但机会很小。

只有你想做的不仅仅是自我了悟，克里亚瑜伽才是重要的。如果你的兴趣仅限于在某种程度上逃离这个监狱，如果你只想要开悟或莫克提就可以了，你就不需要修行克里亚瑜伽。如果你仅仅想要解脱，就不需要走克里亚这条全面的道路，因为它需要太多的努力、约束和专注。你可以稍稍借助一下克里亚，不需要太大强度。

即使你保持高强度的克里亚练习，如果没有指导，也可能需要很长的时间才能结出果实。如果有人积极参与并给予指导，克里亚就可能是探索内在本质、神秘现象的最强大、最壮观的方式。否则克里亚就有些绕路了。你从这条路上寻求的不仅仅是觉悟，你还想知道创造生命的原理，想要了解生命工程，所以这条路要漫长的多。

修行克里亚的人掌控了自己的能量，因而有完全不同的存在，他们可以将生命拆解开来，再重新组装起来。如果你走其他的修行道路，比如说智慧瑜伽，你可以变得像剃刀那么锋利。你可以用自己的智力做到很多事情，但是你对自己的能量做不了什么。如果你修行奉爱瑜伽，你对自己的能量做不了什么，你对此不会在意，因为这时你情感的甜蜜和专注才是重要的，你只想消融。如果你走在业力瑜伽的路上，你在世上做很多事情，但是对自己做不了什么。在能量层面上克里亚修行者对自己想做什么就做什么，也可以在世上做很多事情。

女人和克里亚

"如果一个人想在灵性道路上取得进展，最好的方式总是将生命的所有方面统合起来，适当地将智慧瑜伽、业力瑜伽、克里亚和奉爱瑜伽结合起来。"

传统上，人们认为克里亚瑜伽是专属男人的，这并不是因为瑜伽本身的属性，而是过去的社会情况是那样的。克里亚瑜伽所要求的远离正常的生活，在过去对于生活在这个文化里的女人而言是无法做到的，那时候女人八九岁的年纪就嫁人了。到了 15 岁就有孩子了。还有，瑜伽上师们所设计、创建的克里亚瑜伽练习方式都是以男人为主的，因为他们的弟子都是男性。但是这并不表明就没有女性修行克里亚，有几位女性修行者，不过她们是少数，也没有太多的练习是为她们所设计的。

　　是的，女人可以走克里亚瑜伽修行之路，但是如果她百分百走这一条路，由于生理的缘故，就容易处于劣势，会面临一个小小的先天不利因素，她需要额外多努力一点。

　　但是无论怎样，如果一个人想在灵性道路上取得进展，最好的方式总是将生命的所有方面统合起来，适当地将智慧瑜伽、业力瑜伽、克里亚和奉爱瑜伽结合起来。通常女性的情感层面是主导的，因此可对其进行利用。我发现，如果一位女性修行者修行一点奉爱，她的克里亚就很容易上升起来。总体来说阳性能量更适合将智慧瑜伽、克里亚和业力瑜伽结合起来，而阴性能量更适合奉爱瑜伽和克里亚的结合，并不是每位男性和女性都百分百是这种情况。

生命的迷宫

你内在发生的一切都不过是你生命能量的某种
体现。

人的能量体中有72000条气脉，能量在其中流动。这72000
条气脉源自三条基本的气脉：右脉、左脉和中脉。

这三条气脉是能量系统的基础和支柱。右脉象征阳性，左
脉象征阴性。我说的"阳性"和"阴性"与性别无关，而是本
质的某个面向。本质中的某些属性被认为是阳性的，其他某些
属性被认为是阴性的，这两条气脉代表这些品质。

如果你的右脉非常突出，那么阳性能量，即外向的、积极

主动的属性会占主导。如果左脉非常突出，那么阴性能量，即接纳的、内省的属性会占主导。你是男人或者女人与此无关；或许你是男人，但是左脉可能更占主导；或者你是女人，但是右脉更占主导。

左脉和右脉也象征太阳和月亮——太阳代表阳性，月亮代表阴性。太阳是外向和积极主动的。月亮是内省的，它的周期循环也与女性身体运行有关系。至于头脑层面，右脉代表逻辑层面；左脉代表直觉层面。这两个二元性是生命物理层面的根本所在。只有当一个人的阴阳属性都达到极致并处于平衡中，这个人才是完整的。

中脉是生理中意义最重大的方面，它通常处于未被开发的状态。中脉独立于整个系统之外，但它又是整个系统的支点。一旦能量进入中脉，无论你周围发生什么，你都能保持一定的平衡。现在，你可能相当平衡，但如果外在混乱起来，你也会跟着混乱起来。但是一旦能量进入中脉，你的内在就不再受外在的任何影响。

气脉没有物质上的显化。如果切开身体向里面看，不会找到气脉。但是当你越来越有觉知，你会觉察到能量是循着固定的通道运行的，而不是随意运行。脉轮是身体中强大的中心，气脉在这里以特定的方式汇合，创造出一个能量中心。和气脉一样，脉轮也是精微的，并没有显化在物质层面。它们总是以三角形（不是圆圈）的形式汇合，我们将它们称作脉轮是因为它们体现运动、动态。"脉轮"指的是一个"轮子"。所有机器上的活动部位都是圆形，因为圆圈运行的阻力最小。

身体中有 114 个脉轮，但是我们通常提起的是 7 个重要的脉轮，代表生命的 7 个层面。这 7 个基本脉轮是：海底轮，位于会阴、肛门和生殖器之间的地方；生殖轮，位于生殖器正上方；脐轮，位于肚脐的正下方；心轮，位于胸腔中间的正下方；喉轮，位于喉咙凹陷处；眉心轮，位于两眉之间；顶轮，又叫梵穴，位于头顶最上方（囟门，新生儿头顶柔软的部位）。

你内在的体验——生气、痛苦、平静、快乐和狂喜——是生命能量不同层面的表现。7 个脉轮是 7 个不同的层面，一个人的能量通过这些层面来表现。如果你的能量主要在海底轮，那么食物和睡觉将会是你生命中最重要的因素。如果你的能量主要在生殖轮，享受会成为你生命中最重要的因素，意味着你在许多方面享受物质现实。如果能量主要在脐轮，你是个实干家，你可以在世界上做很多事情。如果你的能量主要在心轮，你非常有创造力。如果你的能量主要在喉轮，你非常有力量。如果你的能量主要在眉心轮，那么你在智力上已经觉悟。虽然还没有实证，但是智力上的觉悟会让你的内在处于一定的平静和稳定中，无论外在发生什么。

这些状态只是强度不同而已，享乐主义者的生活强度比只知道吃睡的人的生活强度更大。而想在世界上做一番事情的人的生活比享乐主义者的生活强度大得多。艺术家或富有创造力的人的生活强度比上述三种人都大。如果你进入喉轮的层面，强度又完全不同，而眉心轮是更上一层楼。如果到了顶轮，你将爆发出无法言说的狂喜。不用任何外在的刺激或原因，你就处于狂喜中，因为能量达到了某个巅峰。

小贴士

业力结构在每个人身上运作的根本方式是按周期循环的。如果你仔细观察，会发现在一天之中，同样的循环重复多次。如果你非常善于观察，你会了解每隔 40 分钟，你都会完成一个生理的循环。一旦你看到自己每隔 40 分钟就完成某个循环，周而复始，带着必要的注意力和觉知，你就可以控制这个循环，逐步超越这些循环所设定的局限性。因此，生命每隔 40 分钟就给你一个机会——变得更有觉知的机会。

每隔 40~48 分钟的时间，呼吸的主导也会在左右鼻孔之间轮换。在一段时间内，呼吸主要发生在右鼻孔，然后是左鼻孔。留意这个呼吸过程，至少你会知道你的某个地方在变化着，可以进一步提升这个意识去留意太阳和月亮对身体的影响。如果达到了一定的根本觉知，就可以被传授一些具体的工具。如果你让自己的身体系统与太阳、月亮的周期同步，你身体、心理层面的健康就得到了保障。

神圣的科学

> 如果你拥有必要的技术，可以让你周围的简单空间成为充满神性的地方；你可以随便拿起一块石头，把它变成神或女神。

圣化是一个活生生的过程，梵文里圣化这个词是"Pratishtha"。

将泥土变成食物，我们称作农业；将食物变成骨肉，我们称作消化；将肉变成泥土，我们称作火化；将这个肉身、甚至是一块石头或一个空间变成一个让神性发生成为可能的地方，我们称作圣化。

正如现代科学所说的那样，如果一切都是同一个能量的不同显化，那么，我们称为神性的东西，或称为石头、男人、女人和恶魔的，都是同样的能量，以不同的方式在运作。例如，同样的电变成光、声音或其他，取决于所用技术的不同。如果你拥有必要的技术，可以让你周围的简单空间成为充满神性的地方；你可以随便拿起一块石头，把它变成神或女神，这就是圣化。

尤其在印度文化中，代代相传着大量关于生命这个维度的知识。这里的人们认为到了某个阶段，每个人都会想要连接上创造之源。如果地球上不创造出这种可能性，并让每个探索的人都能获得这种可能性，那么这个社会就不能为人提供真正的幸福。正是出于这种认识，印度建造了非常多的寺庙，每条街上都有。其逻辑是即使只有几米的距离，都不应该没有圣化空间的存在。建造寺庙并不是去和其他的寺庙竞争，只不过是每个人都应该生活在受过圣化的空间里。

一个生活在圣化空间里的人是幸运的，他的生活方式会变得明显不同。你可能会问："难道我不能生活在没被圣化的地方？"你可以。对于那些能让自己的身体成为一座寺庙的人而言，去寺庙就没那么重要了。是的，你可以圣化自己的身体，但是问题是，你能保持在那个状态吗？

灵性的开启都是有助于将这个肉体圣化成寺庙一样的空间；圣化之后，所需要做的就是维持。每天进行灵性练习是维持的一种方法，这让身体与所进行过的开启足够匹配。我在不同的时期，给不同的人进行过强大的圣化，有时候是正式的，有时候是非正式的。圣化一个无生命的物体——如一块石头——需要花费大量的生命。让一个人成为活的寺庙所耗费的要少很多，也更环保，而且人可以移动！对人进行圣化有很多优点，但问题是人必须付出一定的时间、能量、资源和专注，否则就不可以。

当世人注意力太分散，不愿意努力将自己变成活的寺庙，建造石头做的寺庙就是必要的事情了。建造寺庙的根本目的在于让生活中不做灵性练习的那些人受益。如果人们可以在那些空间中修持，所获得的益处是双倍的。尤其对于那些不知道如何将自己的身体变成寺庙的人们而言，外在的寺庙非常重要。

圣化有各种方法，通常而言，人们使用仪式、祷文、声音、形状和其他各种要素进行圣化。这意味着需要进行持续的维护。传统上，他们会告诉你不要将石像放在家里，如果你把石像放在家里，就得每天做适当的礼拜和其他仪式；这是因为如果一个神通过祷文得到圣化，没有每天进行仪式和必要的维护工作的话，神就会吸取能量，给生活在附近的人带来巨大的伤害。不幸的是，由于人们不懂得如何让神有生气，并且所进行的维护不适当，现在很多寺院都变成了这种情况。

生命能量圣化是不一样的，因为它使用你自己的生命能量来圣化某个东西。当你用这种方式来圣化，就不需要任何维护，这是永久的。这也就是为什么哥印拜陀的迪阿纳灵伽静修寺不需要仪式和礼拜的缘故，什么都不用。大多数寺庙里进行的仪式不是为信徒而举办的，而是为了让寺庙里的神保持生机。但是迪阿纳灵伽不需要那种维护，它永远不会波动。即使拿走灵伽石头的那部分，它还是一样的。即使地球被摧毁了，灵伽的能量形式都不会毁灭。这是因为真正的灵伽是由一个非物质次元组成的，无法被摧毁。

无论你大多数时间是待在哪儿——家里、街上、办公室里——理想的情况是应该圣化这些地方。这样你内在的进化就无须遵循达尔文的进化模式，生活在这样的空间里，你可以跳跃前进。我的梦想是有一天全体人类都生活在圣化过的地方。

小贴士

印度的寺庙从来都不是祈祷的地方。这里的传统是，早上的第一件事是洗个澡去寺庙，在寺庙坐一会儿，然后开始你的一天。寺庙就像一个公共的充电场所。

如今大多数人忘记了这个传统，他们不过是去寺庙求点东西，臀部碰碰寺庙的地面就出来了。这不是这些地方的意义所在，它们的意义在于去那里吸收它们的能量。

比如，哥印拜陀有迪阿纳灵伽。你不需要信仰什么，不需要祈祷或供奉什么，只要闭上眼睛，在那儿坐一段时间。去试试，这可能会是一个非凡的体验。迪阿纳灵伽的强度达到极致，即使一个人一点不了解冥想，过来坐在那里，就会自然地进入冥想的状态，它就是这种工具。

最初和最终的形状

寺庙是物质层面上的一个洞，你可以通过它轻
易地掉下去、穿越这个层面。

在这个国家，灵伽在传统上被认为是一个你可以去消融
自己的地方。只是到了后来，人们开始寻求福佑，其他寺庙出
现了。

古代大多数寺庙都是为湿婆或"空"而建。这个国家中有
几千个湿婆庙，大多数的湿婆庙中没有任何神像，通常会供奉
一个标志性的形状：灵伽。

灵伽这个词的意思是"相或形状"。当未显化的开始显化，

换句话说，当创造开始发生，它所呈现的第一个相是椭圆形，我们将其称作灵伽。总是由灵伽开始，之后变成很多其他东西。如果你进入深度冥想的状态，在完全消融来临前的那个点，能量再次呈现灵伽的形状。现代宇宙学家确定每一个星系的核心都是一个椭圆形，一个三维的椭圆形。如果你向内看，你的根本核心的形状也是灵伽。通常在瑜伽中，灵伽被认为是有着完美的形状，且是存在的根本形状。

最初的形状、最终的形状都是灵伽；中间的空间是创造；在这之外是湿婆或空。因此，灵伽的形状是造物上的一个洞。对于物质创造而言，后门是灵伽，前门是灵伽，这就使得寺庙成为物质层面上的一个洞，通过它你可以轻易地掉下去、穿越这个层面。

建造灵伽的学问异常复杂，如果以正确的材料建造灵伽，并适当地注入能量，它就成为一个保存能量的永久仓库。在印度，很多灵伽都是由成就者或瑜伽士出于具体目的而建造的，带有具体的属性。

由于大多数寺庙是国王出资建造的，大多数的灵伽都是针对脐轮的。但是有几位国王的视野超过了生活的那个层面，想要建造心轮的灵伽或灵魂的灵伽，目的是爱、奉献和最终消融。心轮是可塑性很强的状态，大多数人都能接触到。还有海底轮的灵伽，非常基本、粗糙、强大有力，用作神秘用途。

如今这个国家大多数的灵伽都只代表一个脉轮，至多两个脉轮。迪阿纳灵伽的独特性在于所有七个脉轮的能量都被提升至巅峰。为七个脉轮建造七个不同的灵伽会容易很多，但是其影响力就不一样了。迪阿纳灵伽就像进化到顶点的存在（传统上被称作湿婆）的能量体，它是物质显现的极限。如果你将能量提升至很高的强度，它只能在某个点维持住物质形式，超过那个临界点，它就变得无形无相，人们就无法去体验它了。迪阿纳灵伽圣化的方式让能量可以在可能的最高点成像，超过那个点就无相了，它的建造使得修行者可以和一个活的古鲁近距离坐在一起，这种机会很罕有。

完成迪阿纳灵伽花费了三年半强度很大的圣化过程。很多瑜伽士和成就者们试图建造这样一个相，但是由于种种原因，从来没有同时具备过所有必需的因素。我用三世来实现迪阿纳灵伽的建造。由于我上师的恩典以及其他几个人的支持，今天，一个用三世来实现的传说，迪阿纳灵伽完整地伫立着，展现无上的荣光。迪阿纳灵伽是一个可能性，让人全然地了解和体验生命的最深层面。一个人进入到迪阿纳灵伽的范围内，以太体就会受到影响。你给肉体、心智体、能量体带来的转化可能在生命的进程中消失，但是一旦一个人的以太体层面受到触动，那将是永远的。即使历经多生多世，这颗解脱的种子都在等待适当的机会发芽开花。

狂喜之泪

"当你渴望净化自己，金刚菩提子可以提供帮助。"

金刚菩提子是一种树的种子，这种树主要生长在喜马拉雅地区的一定海拔上。Rudraksh 这个词中的 "Rudra" 的意思是湿婆，"aksha" 的意思是泪滴。

有一天，湿婆坐着冥想，许多个一千年过去了，他一直闭着眼睛。他冲上了如此心醉神迷的境界，无法控制他的狂喜，狂喜的泪水簌簌流下，落到地上，就成为金刚菩提子的种子。

　　这是个故事，不是事实，却是真相。神话和传说的产生是为了表达那些超越认知逻辑领域的维度。

　　每种物质都有不同的振动，但是金刚菩提子的振动非常独特，对身体有某种影响。人们通常将它们做成念珠（一串或项链）佩戴。在身上佩戴金刚菩提子的一个原因是净化光环，光环是环绕所有生物和非生物周围的一定光域和能量。如今，克里安照相术可以拍出光环，它们呈现出各种不同的样子——从漆黑的光环到纯白的光环，以及介于这两者之间的百万种阴影程度不同的光环。可能你看过圣人和圣徒的画像，他们头部环绕着光环。很显然创作者想要体现他们是纯粹的存在。这并不意味着你戴了金刚菩提子，就突然有光环在你的脑后闪耀！当你渴望净化自己，金刚菩提子可以提供帮助。对于那些想要攀登意识巅峰的人而言，任何小小的帮助都是珍贵的。

　　印度的修行人总是佩戴金刚菩提子的另一个原因是他们一直出门在外。当你总是在不同地方吃饭、睡觉的时候，你系统的稳定性可能会被打破。你可能在自己身上注意到这一点。你可能去过一个陌生的地方，在那儿即使你已经筋疲力尽了，不知道为何你的身体却不愿安顿下来睡觉。如果你周围的能量不利于你的光环，你的系统不会安定下来。金刚菩提子像茧一样将你的能量包起来，这样你就不会被干扰，并与外界隔离开来，安然入睡。一个经常旅行的人佩戴金刚菩提子，外面的能量就不会干扰到他。

除此之外，它还有很多其他的好处：金刚菩提子的回响会让整个系统放松。还有降血压、镇静神经、改变系统运行方式的作用。如今，印度的医生给高血压和心脏病患者开处方规定他们佩戴金刚菩提子。

市场上有很多假的金刚菩提子。通常，真正的金刚菩提子是来源于一些供应金刚菩提子几个世纪的人家。对他们而言，这不只是生意，而是一项神圣的责任。如果你想要购买金刚菩提子，请确定是从一个可信的渠道购买或收到的。

恩典之山

上师们往往用山峰来下载他们的认知，因为那里的干扰最小，人类的活动最少。

大多数上师所面临的问题是他们永远也无法和周围的人分享他们所了悟到的东西。创造出另一个接收者不是件容易的事，哪怕是找到一个人都已经算是很幸运的。

因此，大多数瑜伽士和神秘学家总是将他们所了悟到的留存到某个地方。印度有很多这样殊胜的地方。上师们往往用山峰来留存他们的认知，因为那里的干扰最小，人类的活动最少。冈仁波齐峰就是这样一个地方，最海量的知识以能量的形式在那里储存了很长时间。冈仁波齐峰是地球上最伟大的神秘图书馆。几乎所有东方的宗教都认为它是最神圣的地方。在印度教里,冈仁波齐峰是终极,是湿婆和帕尔瓦蒂的住所。佛教徒非常尊崇它,因为据说佛教中最伟大的三位佛生活在那里。耆那教徒认为第一位耆那教大师仍然住在冈仁波齐峰。苯教是西藏的原始宗教,也认为冈仁波齐峰非常神圣。

还有其他的地方有巨大的振动,曾经有人在那里进行过灵性修行。喜马拉雅山上有无数这样的地方。很多神秘学家和瑜伽士选择山作为他们的住所。他们在那里生活自然就留下某种维度的能量,于是,喜马拉雅山聚集了一定的光环。

比如,凯达尔纳特只是喜马拉雅山上一座小寺庙,那里没有神,只是一块露出地面的岩石,但它是世界上最强大的地方之一!如果你在努力提高自己的接受能力,那么就去这样的地方,它会让你震惊。东方有很多这样的地方,但是喜马拉雅山吸引了最多的人前往。

南部卡纳塔克邦的Kumara Parvat是另一个例子。"Parvat"的意思是"山","Kumara"指的是"湿婆的儿子",湿婆的儿子名字叫卡尔凯蒂耶。据说他打了很多仗,想要改变世界，但是当他认识到这样做没用的时候，来到一个叫作 Kukke Subramanya 的地方，在这里他最后一次洗干净他刀上的血。他知道自己就是打 1000 年的仗，也还是改变不了世界，而一个暴力的解决方案会滋生出 10 个问题。于是他爬上山，就那样站在山顶上。正常情况下，一位瑜伽士想要离开身体，会坐下来或者躺下来。但他是一位勇士，就那样站着离开了身体。

如果一个人能够不对肉身有任何损害地离开肉身，表明这个人完全掌握了生命进程，通常这被称作摩诃三摩地或"光荣的平静"。

很多年前，我去了 Kumara Parvat，有人给我搭了一个小帐篷，我想进去睡觉，但是当我进入帐篷想躺下来的时候，我的身体自动进入一个站立的姿势，撑散了帐篷。整个晚上我都没法坐下来，我的身体只是站着。那时候我开始了解卡尔凯蒂耶的一生是什么情况。虽然我们不知道具体的日期，但他离开身体的那一幕肯定是发生在 12 000 年或 15 000 年以前，而他所留下的一切仍然是活生生的。

有意思的是，卡尔凯蒂耶本身就是一个伟大的实验。关于他的故事是这样说的：从前有 6 个婴儿，每个人身上都有一种卓越的品质。湿婆的妻子帕尔瓦蒂了解到这个情况，她觉得如果这6种出色的品质都体现在一个人身上，那该多棒啊！于是，她将这6个孩子合成一个人。到现在，人们还是认为卡尔凯蒂耶是六面向的或 Shanmukhi。如果你登上这座山，无论你在山顶的哪里挖，挖出来的每一块石头都有6个面。这些石头被叫作六面神灵伽。如果你把这种石头拿在手里，他们会爆炸！在这几千年的时间里，他的能量一直在回响着，于是那些石头慢慢地变成了6面的形状。

无论在什么地方，当一个人用他的生命能量做什么事，都会创建某个空间、某种可能性，它们不会因为任何事情的发生而消失。这种努力所留下来的空间或可能性永远不会被清除掉。任何人在内在维度即使是稍稍试验一下，这种努力和他们的存在就永不消失。

比如，佛陀应该是生活在2500年之前，但是对于我而言，他就在现在。耶稣生活在2000年以前，在我的体验里，他也在现在。一旦你用自己的生命能量做某个事情，就会永远存在，人们无法摧毁它。你用身体来做事，用骨头或肌肉做事，这种工作的成果是有期限的，如果你使用思维来做事，这种工作成果流传的时间要长得多。但是如果你用自己最根本的生命能量来做事，这将会是永恒存在的。

南部的冈仁波齐峰

"维吉灵瑞山被称作是'南部的冈仁波齐峰'，因为阿迪瑜吉，也就是湿婆自己在这些山峰上停留了三个多月的时间。"

我从幼年起，眼里就一直能看到山脉。直到16岁的时候，我和朋友们提起来（他们说："你疯了！山在哪里？"）才认识到除了我以外没有人眼里有山。有一段时间我觉得我应该找到它们在哪里，不过之后我就忘了这个想法。

比方说你的眼镜上有一块斑点，一段时间后你就习惯了，就是这样的情况，很久以后当许多记忆如潮水般涌现的时候，当我为迪阿纳灵伽选址的时候，才开始寻找那出现在我眼中的山。

我去了很多地方，骑着摩托车从果阿到根尼亚古马里至少来回4趟。不知怎的我觉得那座山应该是在西高止山脉，于是我踏遍从卡尔瓦尔到喀拉拉邦边境的每条公路、泥路，骑行了几千公里的路程。

之后我很偶然地来到了哥印拜陀城外的一个村子，当我骑过一个拐弯的地方，看到了维吉灵瑞山脉的第七座山峰——就在那儿，就是那座我从小就一直看到的山，从那天起它就从我眼里消失了。

维吉灵瑞山脉被称作是"南部的冈仁波齐峰"，因为湿婆或阿迪瑜吉本人在这些山峰上停留了三个月多点的时间。当他来到这里，他并不是处于他惯常的极乐状态，而是对自己很生气（因为他没能履行对一个女人的诺言）。他带着强烈的情绪，又生气又沮丧，今天那个能量还是很明显的，由此产生了一连串沿袭了那种愤怒传统的瑜伽士，他们在这里做灵性练习，获得了那个品质。他们并不是因为某个具体的原因愤怒——他们就是单纯的愤怒。

其中一位瑜伽士对我们（Isha）的意义重大，萨古鲁·布拉玛，他生活在20世纪早期。最重要的是，这座山对于我们的重要性在于我的上师在这里离开了身体。在瑜伽的传统里，这座山对于我们而言就像一座寺庙，神性和恩典绵绵不绝。

　　如果你问我："地球上最伟大的山是哪一座？"我总会回答："维吉灵瑞山。"因为对我而言它们不只是山。我天生眼睛里就有这些山的印记，它们一直跟随着我，存在于我的内在，成为我自己的导航系统，我的全球定位系统。这些山对我而言不是一堆岩石，它们储藏着我建造迪阿纳灵伽所需要知道的知识。

疗愈的把戏

用你的能量去疗愈另一个人是非常幼稚的行为。

如今，各种能量疗愈方法正在兴起，常常有人问我对此有何看法。

我认为世界上的治疗师太多了！我并不是说这一点必要也没有，但是 90% 的情况下都是欺骗，10% 的情况下是有些作用的。

假如有人把一无是处的东西卖给你，那他不过是个出色的商人。你有点愚蠢，但是除了金钱上的损失，没有对你造成什么伤害。你享受到买东西的乐趣，他则做了一笔生意。如果他卖给你一个东西对你造成伤害，那比卖给你一无是处的东西更糟糕。正是那 10% 起作用的情况下，可以说疗愈是没必要的，甚至是危险的。

如今由于现代医学的发展，人们差不多可以应对所有的传染病。使用任何药物都是试图去改变身体的化学构成。任何药物或外物进入体内，都会对系统造成一些干扰。一方面，药物治愈了你的疾病，但是在另一个方面，它带来某种苦楚。超过一定的点，药物就有副作用。这是要付出代价的，但这也是必要的，因为疾病对你而言是更大的问题。

不过，慢性病不是由外部生物引起的。这种情况下，疾病只是呈现在表面，就像那句谚语所说的"冰山一角"，真正的问题在你内在某个地方。

换句话说，症状就像指示器。每当一个人想要去疗愈，总是试图消除那个症状，因为那被认为是疾病。如果你拿走指示器，问题的根源仍然存在。指示器在肉身显化出来，只是要引起你的注意，让你去看看应该做些什么。如果你只是去掉那个指示器，根源会在你的系统内以更猛烈的方式发生作用，正如哮喘可能会演变成你生命中一个大意外或其他灾难一样。如果想要消除根源，就得将它拔掉，在某种程度上将它解决，因为它不会自行消失。

用你的能量去疗愈另一个人是非常幼稚的行为。疗愈的过程中，你可能会给你自己生活的很多方面带来巨大的危害和损害。如果你不在意你的生活受到损害，就是想帮助他人，那没问题。但是在疗愈他人的过程中，你也给另一个人带来损害。因为除了物质层面以外，人们还没有了解和体验生命的更深层面，他们认为在特定的时候缓解一个人身体上的疼痛，是他们所能做的最伟大的事情。不是这样的，当疾病来临，你只是想消除它，而采用什么方式并不重要，这可以理解，但是如果你开始体验到比肉身更深一点的生命层面，你就会了解如何消除疾病也是重要的。

当你通过灵性练习来重组自己的能量，疾病就会停止。我们给人们传授克里亚，其目的不是疗愈，但是疗愈却自然地发生。只将你的双手放在某人身上来缓解他的疼痛不是处理疾病的明智方式。

只有生活在生命表层的人才会谈论疗愈的事，如果你了解生命的更深层面，你就不会试图进行任何疗愈或寻找任何疗愈方式，你会探索如何超越这些局限。

另一方面，想要疗愈某人的行为从某种程度上而言是你想要扮演上帝，想要以某种方式操纵能量。立刻起效的疗愈从一方面而言让你不再担忧，却会在其他方面束缚你。真正走在修行道路上的人从来不会尝试疗愈，因为这一定会带来纠缠。今天世界上一些著名疗愈组织的发起人在修行路上获得一点能力后就半途退出，他们想要使用这种能力，转而去推销自己。

如果你正走在真正的修行之路上，无论谁在引导或指导你，都会确保你永远也不会获得任何超能力。我们想要自己非常普通——极其普通，并不想患上成为"特别的"这种病。要扮演上帝，在某程度上你就想要做其他人做不到的事情，这会导致很多纠缠。大多数时候，疗愈这件事是个把戏。

转化的技术

没有哪位上师不能创造奇迹。

如今，我看到很多把神秘学当作灵性修行的现象。如果我不用电话呼叫你，这是神通。假如说我在印度，你在美国，我想送一朵花给你，但是我不愿意像哥伦布那样旅行，如果我让这朵花突然落入你怀中，这是神通。没有任何灵性可言，只是操纵物质现实的另一种方法。

在印度，我们有各种复杂的神通方法。有人只是在他们自己家的一个地方坐着，就可以成全你或破坏你的生活。如果有人把你的一张照片给这种人，他们能够看着你的照片，就让你明天患上一些怪病。无论最奇怪的病是什么，他都能让你明天就患上。这些使用神通的人也可以让人健康，但不幸的是，他们中的大多数都将自己的能力使用在其他方面。无论他们制造的是健康还是不健康，都是不可取的。

你听说过戈拉克纳特吗？他是伟大的瑜伽士玛茨亚德兰斯的弟子。在瑜伽的传统里，人们不区分玛茨亚德兰斯和湿婆，因为他们的成就在同样的水平上。很多人对玛茨亚德兰斯的崇拜不亚于对湿婆的崇拜。他们说玛茨亚德兰斯活了600年左右。戈拉克纳特是他的弟子，他热爱、敬仰自己的师父。

戈拉克纳特非常火热，玛茨亚德兰斯在他身上看到太多的火气，而认知不够。火可以烧掉很多东西。戈拉克纳特用它烧掉了无知的壁垒，突然间他有了很大的神通。玛茨亚德兰斯看到他有点过头了，于是告诉戈拉克纳特："离开我14年，别在我身边，你从我这里吸收了太多，走吧。"

这对戈拉克纳特是最难办到的事情。如果玛茨亚德兰斯说："放弃你的生命"，他会立刻照做。"离开"他无法承受，但是对他的要求，于是他就走了。

14年间他数着日子过，等着回来的那一天。这个期限一到，他立马赶回来了。一名弟子守在玛茨亚德兰斯所在的山洞洞口。戈拉克纳特走向他，对他说："我要见我的师父！"

这位守门的徒弟说："我没接到命令，所以你最好等着。"

戈拉克纳特发怒了，他说："我都等了 14 年了，傻瓜！不知道你是什么时候来这里的，可能是前天刚来的，竟敢拦我！"

戈拉克纳特推开他，闯进了山洞。玛茨亚德兰斯不在里面。于是他回到洞口，抓住那个守门的人摇晃："他在哪？我现在要见我的师父！"

那个弟子说："我没接到要告诉你的指示。"

戈拉克纳特忍不住了，他运用自己的神通，看进那个弟子的头脑里，了解到玛茨亚德兰斯在哪里，于是奔向那个方向，他的师父在半路等着他。

玛茨亚德兰斯说："我让你离开了 14 年，是因为当时你以神通至上，正在丢掉自己的灵性修行，而只是享受神通。现在你回来的第一件事是用神通打开我徒弟的头脑。你还需要 14 年。"于是他再次让戈拉克纳特离开。

有很多关于戈拉克纳特闯入禁区的故事，而玛茨亚德兰斯一次次惩罚他。与此同时，戈拉克纳特成为玛茨亚德兰斯最伟大的弟子。

在这个文化中，我们总是这样对待神通，对它我们没有尊重，不把它当作是有价值的东西，我们总是将其看作是误用生命，侵犯原本不应该进入的区域。只有那些追求权力、金钱，或被贪婪主宰的人才会运用神通。除此以外，在印度，这种疗愈和相关现象都不受待见。一直以来，人们对它的态度都是：如果你得了病，你就得想办法好起来；如果好不了，这就是你的业力，那就尽量平静地活着。当大限来临，你有觉知地死去，努力达成解脱，但这种不顾一切想要赖活着的心态是源自某种无明。

神通并不总是肮脏的事情，不过不幸的是，它落得这样的名声。本质上而言神通是一种技术，没有什么科学或技术本来就是肮脏的。如果我们开始使用技术来杀害或者折磨人，那么过一段时间我们就会想，受够了这该死的技术！这就是神通所遇到的情况，太多人出于个人目的滥用了它。因此，通常在修行的路上，是完全避开神通的。

蛇力

"就行为模式而言，昆达里尼未显化的能量和蛇之间有很多共同点，由此产生出这种象征。"

"昆达里尼"这个词的字面意思是"能量"，是你内在未被开发、唤醒的一种能量。在瑜伽的传统中，盘卷的蛇一直是昆达里尼的象征。

盘卷的蛇具有高品质的静态，这些卷里面暗藏着一股变化多端的活力。当这条蛇静止时，是绝对的静止，即使它就在你面前躺着，你也看不见它。只有当它动起来，你才看见。因此昆达里尼被称作一条盘卷的蛇，因为这巨大的能量存在于你的体内，但是它不动的话，你永远也意识不到它在那里。

你可能注意到了，在印度，每一所寺庙都有蛇的图像，总是至少会有一条蛇的图形，以表示这所寺庙有唤醒你内在未显化能量的可能性。尽管从物质层面来说，蛇和人体系统相差很远，从能量层面来说两者很接近。如果你在野外看到一条眼镜蛇，你或许会发现它能没有任何阻力地爬到你的手里，因为它的能量和你的能量非常接近。一旦你心里升起了恐惧，蛇会立刻察觉，认为危险。如果你一点也不怕，蛇会毫不费力地接近你。

　　冥想状态中的人尤其会吸引蛇。传统总是说如果一位瑜伽士在一个地方冥想，附近某个地方就会有一条蛇，这是因为如果你的能量静止了，就对蛇形成自然的吸引。

从平凡到神奇

所有奇迹或那些被当作奇迹的奇迹，都不过是一些人对生命更深层面的触碰。

人们在书中读到瑜伽士们进入三摩地状态时常常会好奇：三摩地是什么？它对修行有多重要？它和健康幸福、极乐的关系是什么？

三摩地是一种平静的状态，在这个状态中，智力超越了正常的分别功能。而这将人从肉身松开，于是你和你的身体之间有了距离。

有各种类型的三摩地，为了方便理解，它被分成了八种类型。这八种类型又可以归成两大类：有余三摩地（有属性和特质的三摩地，非常愉悦、充满喜悦、狂喜的三摩地）和无余三摩地（超越了愉悦和不愉悦的三摩地，没有属性或特质）。在无余三摩地中，与身体只有一个点的接触，其余的能量是松开的，与身体没有接触。这些状态会维持一定的时间，从而有助于在你和你的身体之间建立起分别。

在人的灵性进化中，三摩地是重要的一步，但这还不是终极。体验到某种类型的三摩地并不意味着你跳出存在之外了，这只是一个新的体验层面，就像当你是孩子的时候，你的体验是一个层面，你成人时候的体验就是另一个层面了。在人生的不同时期，你对同一件事的体验完全不同，三摩地也是这样。

一些人可能会进入某种层面的三摩地中，在那个状态里待几年不出来，因为很享受。在这个状态中，没有空间、时间，也没有身体的问题，身体的障碍和心理的障碍都在一定程度上被打破了。但这只是暂时的，一旦他们从那个状态中出来，就会再次感到饥饿，需要吃饭、睡觉等。

通常而言，和清醒的人相比，微醉的人体验的层面不同，亢奋的水平不同，但是在某一时刻，他还是得从那个状态中下来。可以说三摩地就是不用化学药品就能让人兴奋起来的一个方式。进入这种状态，一个新的维度向你打开，但这并不保证你得到了永久的转化。这时你还没有进入另一个实相。在同一个实相中，你体验到了更深的层面，但从终极的意义来说你还没获得自由。

大多数开悟的人从不会停留在三摩地的状态中。乔达摩从未在一个地方冥想 12 年。他的很多弟子——很多僧人——经年保持在入定中。但是乔达摩本人从未这样做，他一定是看到这对他没有必要。在他彻悟前，八种三摩地，他都体验过了，就舍弃了。他说："这还不是那个。"他知道三摩地不会将他引向开悟。三摩地只是进入更高的体验层面，有可能你会被它困住，因为它比当下的现实美好得多。

如果你将开悟当作你生命中的首要事情，那么任何不会让你离开悟更近一步的事情都没有意义。比如你正在攀登珠穆朗玛峰，你不会向旁边迈出一步，因为你要节省每一点能量来登顶。现在，如果你要超越自己的意识，就需要你所有的一切，这还不够。你不会进行任何可能影响你专注于主要目的的活动。

现在你可能想知道什么是开悟，毕竟，大多数人追求的只是健康、幸福、财富、爱和成功。简单地说，你是不是越了解你的电脑，就越能好好使用它？你使用任何设备或工具的能力都和你对它的了解成正比对不对？是不是心灵手巧、在某方面是专家的人可以用很神奇的方式使用一个很简单的工具？你有没有看到过有人站在他们称其为冲浪板的一块塑料上乘风破浪？不过是一块塑料，看看他们所能做的事情。

　　你对这个被称作是你自己的存在认识越深刻，你的生命就越神奇。在每种文化里，都有人做了事情让其他人相信奇迹的存在。所有的奇迹或那些被当作奇迹的奇迹，都不过是一些人对生命更深层面的触碰，这种触碰是每个人都可能做到的。

未知的路

　　瑜伽的第六个分支被称作禅（Dhyana），就本质而言，这是关于超越一个人的肉身和心智的界限。Dhyana 随着僧人一起来到了中国，变成了禅（Chan），Chan 流传到东南亚的国家，到了日本变成了禅（Zen），不强调教义，直接洞见心地了悟。禅是一条没有经书、规则或严格修持方法的修行道路，是一条未知的路。

最早有记录的禅是发生在佛陀和迦叶身上，可能在这之前也发生过很多次，但是没有发展成为这样的一条修行道路。每天晚上，乔达摩都会针对修行的各个方面进行开示，人们热切地听着，但是有一位名叫迦叶的和尚，对佛陀的开示从未表现出任何兴趣。乔达摩从不指导他打坐或教他任何修持方法。迦叶只是每次都在树下坐着。大家都认为他是个愚钝无用的人，取笑他。有一天，乔达摩手里拿着一朵花来了，他一直注视着那朵花。很多人在现场，大家都等着听他开示，但是他一直注视着那朵花。人们不知道他为什么不说话，这时候迦叶突然笑了起来。于是乔达摩说："我已经传给你们一切能用语言传达的，不能用语言传达的我传给了迦叶。"他把那朵花给了迦叶，很多人认为那就是禅的开端。

曾经有一位禅宗大师，受到每个人的尊敬，但是他从不说法，肩膀上总是扛着一个大麻袋，里面装着很多东西，其中一些是糖果。他到了任何集镇或村庄，孩子们都会围着他，他给大家分完糖果就离开。人们希望得到他的教诲，他笑笑就走开了。有一天，一位很有名望的禅宗内行，来到他的面前，想知道他是否真的悟道了。于是问他："何为禅？"这位大师立刻放下麻袋，站直了身体。又问他："禅的目标是什么？"这位大师拿起麻袋，走开了。

瑜伽就是如此，任何一种灵性修行也是如此。当你想要达成瑜伽或禅，无论叫它什么，都得放下你的负荷，舍弃所有的一切，保持自由，站直身体，这是重要的。带着负荷你可能永远也做不到。瑜伽的目标是什么？重新拿起负荷，而现在感觉起来它们不再是负荷了。

月亮之舞

对于一直设法提升能量的修行人来说，这两天
是大自然的恩赐。

满月日和新月日给修行人提供了强大的可能性。晦日的意
思是新月日或无月日。你珍视的东西不见了或你喜爱的人不在
了，他们的存在感总会变得更强烈。如果一位朋友或你所爱的
一个人去世了，在这之后，你感觉他们的存在变得强烈多了。
他们离开后所留下的那个真空变得比他们的存在本身更强烈。
月亮也是如此，"不在"让它的"存在"更强烈。

在新月日，地球蛰伏起来，各种元素趋向融合，因此

地球上的生命进程慢下来。当速度放慢，你会更多地注意到你的身体。一切顺利的时候你在忙碌中，不了解身体在发生什么，那时身体就是你，如果有了小毛病，突然身体成了一个问题，你必须去留意它。只有不顺利的时候你才知道："这不是我，只是我的身体在找我麻烦。"这时，你和你的身体之间的距离很清晰。一个人可以很容易意识到什么"是你"、什么"不是你"，从这种认识向前发展，就是从虚假到真相之旅的开始。即使对那些完全没有意识的人而言，每个新月日都是让你变得更有觉知的天然好时机。满月或满月日，对于阴性能量更有益，因此被女性修行者所利用。相比之下，新月日非常原始，在一片漆黑之中，似乎造物本身消融了，在新月日物质性有一点儿被破坏或消除。对于一个寻求健康幸福的阳性能量而言，他也可以利用满月日。但是对于所有追求解脱或完全消融的人而言，新月日的可能性更大。

你可能听说过，在满月日和新月日，精神有点失常的人的情况会更突出，为什么会这样？因为月亮对地球的引力，它把一切都向上拉，甚至大海都要涨潮，你体内的血液也受月亮的

234

影响。如果你有一点精神失常，那一天大脑的循环过快，会加剧这种失常。如果你快乐，这一天会更快乐，如果不快乐，也会更不快乐。你听说过在满月日的晚上很多人坠入爱河吗？无论你自身的品质如何，在这些日子里，这种品质都会加强，因为整个能量被向上拉。对于一直设法提升能量的修行人来说，这两天是大自然的恩赐。

小贴士

每一个印度阴历月份的第 14 天，新月日的前一天，是湿婆夜。一年之中的 12 个湿婆夜中，在 2 月份或 3 月份，也就是在印度阴历磨　月的那个湿婆夜被称作是大湿婆夜，因为它是最强大的一夜。大湿婆之夜非常重要，因为在这一夜，即使是平日里沉湎于日常生活中的人也能够在接纳的状态中获得巨大的灵性收获。这一夜，在北半球，地球所处的位置使得脊椎的能量自然上升，如果你可以保持脊椎挺直，保持警觉和有意识，就会受益。如果你一直保持清醒状态，带着"我要进化"的意愿，这一晚会提供一个巨大的可能性。

在每一个满月日和新月日你也可以这样做：在午夜前后的十分钟，脊椎挺直地坐着。在这样的日子里，大海都试图够着天堂。你会看到你内在的某个东西也在上升。愿这样的夜晚成为你意识到自己是谁的觉醒之夜，而不只是一个不眠之夜。

月亮和大师

"上师满月日意义重大，因为这一天人类意识中种上了解脱的种子。"

15000多年前，在喜马拉雅山的上部区突然出现了一位瑜伽士，没有人知道他是谁、来自何方。他来了，完全寂静地坐着。很多人围住他，因为他的存在非同寻常。人们等待着，希望有奇迹发生。什么也没有发生，他只是坐着，完全不理会他周围发生的情况，除了几滴狂喜的泪水流淌下来，他没有任何生命迹象。因为没有人知道他是谁，于是就称他为阿迪瑜吉，第一位瑜伽士。

一个惊人的奇迹在他们面前无声地发生着，但是人们完全忽视了，他们不认为他连续数天、数月一动不动地坐着就是真正的奇迹。他们以为会看到爆竹爆破，这没有发生，大家都走了，只有7个铁杆留下来了。

当他注意到这7个人时，他们请求他分享体验，他让他们离开，并说："这不是给人消遣的，走开。"他们坚持留在那儿，于是他教了他们几个准备步骤，告诉他们说："做一段时间，我们再看情况。"

一天天过去了，几周过去了，几个月过去了，几年过去了，但是他没再注意过他们。他们继续着各种苦行以成为合格的人选。84年之后，在6月的一个满月的夜晚，他的目光落在了他们的身上，他不能再忽视他们了。在接下来的28天里，他密切地观察这几个人，看到他们已经完全准备好了。于是，在下一个满月来临的时候，他转向南方，开始详细解释生命的本质和可能性。这是人类历史上第一次宣布人类可以有意识地进化自身。那一天是夏至后的第一个满月，太阳南行的开始，阿迪瑜吉成为阿迪上师，第一位上师，那一天被称作上师满月日。

达尔文200年前谈起生物进化论。15000年前，阿迪瑜吉就说起灵性的进化。在那个满月日，对生命原理的全面探索在地球上展开，这一天人类第一次认识到大自然所设定的局限性不是绝对的。你可以成为你希望的样子，大自然让你自由。从那时起，你不能无意识地进化，如果你想进化，就得有意识地去做。你可以越过自己天生的障碍、动物本能，到达一个完全不同的存在次元，这种思想第一次进入人类的头脑。

上师满月日的这个满月是在印度阴历阿萨达月（即公历的6~7月）。这与宗教无关，理解这一点很重要。这件事情发生在宗教概念进入人类头脑之前。上师满月日意义重大，因为这一天人类意识中种上了解脱的种子。

结语：出路

在每个人的生命结束之前，体验到物质层面以外有一股活生生的力量，这非常重要。

人活了一辈子，实现了很多梦想，但是当死亡那一刻来临，他们似乎不知道为何而存在。

近几年，我看到了几个人——我认识很长时间的几个人——死去。包括我的一位阿姨，还有我年轻时很亲近的几个人。他们是好人，他们的生命是在实现梦想中度过的，想要的一切都实现了：他们的儿子去了美国，女儿嫁给了合适的人（严格依照星象），孙辈们很可爱。但是，在生命的最后几年，当死亡接近的时候，他们完全崩溃了。没有任何不好的事情发生，只是生命走到了自然的尽头。他们想要的一切都实现了，离去的时候到了，但是现在他们完全不知所措。这不过是因为他们生命中没有任何灵性的元素，在生命中所知道的一切就是他们的肉身、心理活动、情感、周围的人和事。突然之间，这些都不再有任何意义。他们处于悲伤和困惑中，感到深深的不安，只是因为他们没有其他的维度可立足。

这些人生活得很好，但是死得糟糕，这是因为当肉身和心理开始衰竭，突然之间他们抓不住任何东西。肉身和心理会衰竭：这不是预测，是一定会发生的事情。在每个人的生命结束之前，体验到物质层面以外有一股活生生的力量，这非常重要。

一项不需要太多承诺、智力和练习的简单修行是必需的，是一项迫切的需要。即使人们不能充满喜悦地活着，至少必须平静地死去。这对每个人而言都是应得的。

作为这一代人，我们必须认识到的一件事是在人类历史上我们第一次拥有了解决地球上一切问题（食物、健康、教育、福祉等）必要的资源、能力和技术。唯一缺少的是人的觉知，在这方面我们还没有进行努力。一切都在它们该在的位置，但是人类没在该在的位置。如果人类在内在进入了该在的位置，任何其他解决方案就都有了。所有的努力就是要提升人类的意识，让人进入包容的状态，这样我们这一代就不会错失本我的可能性。

出路或解决方案就在我们内在，只有转向内在我们才能真正建立一个充满爱、光和笑声的世界。让我们为此努力，让这一切发生。

后记

　　如果你以任何方式和这本书产生了共鸣，你可能会想试试最实际的下一步：Isha 克里亚冥想视频。这是萨古鲁提供的唯一一种不需要任何正式开启的克里亚，完全独立于任何宗派，不属于任何信仰，这种科学、有效、简单的修持方法以人类健康幸福为目的。尽管你可能在阅读之旅的最后才会发现它，它却是这本书最核心的部分。这是一个重要的转化工具，很容易变成你日常生活的一部分。

Isha 编辑团队

觉知是一个包容的过程，是一个拥抱整个存在的方式。

作者简介

［印］萨古鲁

全名萨古鲁·贾吉·瓦殊戴夫(SadhguruJaggi Vasudev)，是一位瑜伽大师、神秘家、诗人和具有远见卓识的大师。他兼具神秘和理性，他的生命和工作提示我们：内在科学并非过时的密意陈规，而是与我们时代紧密相关的当代科学。他的讲话

深刻、激越、睿智，为我们带来深入的洞察逻辑及始终如一的智慧，为他赢得了作为一个意见领袖的世界性声誉。

萨古鲁在世界各地有很多演讲，他是全球声誉卓著的各类论坛广泛热门的演讲嘉宾，他演讲的议题包括：人权、商业价值，社会、环境以及生存问题。他是联合国千禧年和平峰会的大使，也是世界宗教领袖委员会的成员，同时也是澳大利亚领导力修习营、塔尔伯格论坛、2005 到 2008 年印度经济峰会以及达沃斯世界经济论坛的特邀嘉宾。

为嘉奖艾萨基金会在绿化上所做出的努力，萨古鲁被授予 2008 年度甘地奖。